内蒙古自治区高等学校科学技术研究项目（NJZZ21025）
国家自然科学基金项目（71771111）
内蒙古自治区自然科学基金（2022LHMS05019、2022LHMS05020）
大学生创新创业训练项目（202210127010）

矿井通风安全

测试理论与技术

贾廷贵　曲国娜◎编著

图书在版编目（CIP）数据

矿井通风安全测试理论与技术 / 贾廷贵，曲国娜编著. — 成都 : 四川大学出版社，2023.1
ISBN 978-7-5690-5477-4

Ⅰ. ①矿… Ⅱ. ①贾… ②曲… Ⅲ. ①矿山通风－测试技术－高等学校－教材②矿山安全－测试技术－高等学校－教材 Ⅳ. ①TD7

中国版本图书馆CIP数据核字(2022)第088847号

书　　名：矿井通风安全测试理论与技术
　　　　　Kuangjing Tongfeng Anquan Ceshi Lilun yu Jishu
编　　著：贾廷贵　曲国娜
丛 书 名：高等教育理工类“十四五”系列规划教材

丛书策划：庞国伟　蒋　玙
选题策划：蒋　玙
责任编辑：蒋　玙
责任校对：肖忠琴
装帧设计：墨创文化
责任印制：王　炜

出版发行：四川大学出版社有限责任公司
　　　　　地址：成都市一环路南一段24号（610065）
　　　　　电话：（028）85408311（发行部）、85400276（总编室）
　　　　　电子邮箱：scupress@vip.163.com
　　　　　网址：https://press.scu.edu.cn
印前制作：四川胜翔数码印务设计有限公司
印刷装订：四川盛图彩色印刷有限公司

成品尺寸：170mm×240mm
印　　张：9.5
字　　数：179千字

版　　次：2023年1月 第1版
印　　次：2023年1月 第1次印刷
定　　价：43.00元

本社图书如有印装质量问题，请联系发行部调换

扫码查看数字版

四川大学出版社
微信公众号

前 言

随着科学技术的发展和生产的需要，测试技术已经发展成为一门较为完整的实用技术学科。测试技术就是研究信息检测和处理的技术，也是研究物理系统工程试（实）验的理论与应用科学，是人们认识自然、改造自然的重要手段。

在矿山开采工程中，做好矿井通风与安全工作、对保障矿山安全生产至关重要。本教材主要为矿山安全工程及相关专业的学生和技术人员编写，目的在于为从事采矿工程、建井工程、矿山安全工程及矿业院校的学生系统介绍矿井通风安全方面的测试理论与技术，提供较为坚实的基础知识，同时兼顾矿山安全工程技术人员的需要。希望能对现场通风与安全工作的各项测试工作有所裨益，为做好矿山通风与安全工作服务。在学习和阅读本教材时，读者应具备矿山通风与安全及矿山灾害防治技术方面的基础知识。

本教材共分为7章，具体内容为矿井通风参数测试技术、矿井通风阻力、矿井气体成分检测、矿尘检测、矿井瓦斯灾害综合利用检测、矿井内因火灾防治检测、煤矿安全监控系统。本教材在编写过程中，力求做到通俗易懂，对矿山通风与安全测试技术的基本理论、测试方法、仪器仪表及工作原理、使用方法和注意事项均做了较为详细的阐述。

限于编者水平，加之编写时间紧张，书中难免有不妥和疏漏之处，望读者批评指正。

编 者

2022年2月

目　录

第1章　矿井通风参数测试技术

在矿山通风工作中，无论采取怎样的通风方式和方法，所形成的通风系统与压力、风量、风速、温度、气候条件等通风参数有密切的关系。对于矿井通风，《煤矿安全规程》对通风工作做了严格系统的规定，如矿井气体成分的规定、井巷风速的规定、采掘工作面和巷道及硐室温度的规定、供给风量的规定等。为了达到通风安全技术规定的各项要求，确定合理的通风参数，就需要借助通风安全检测仪器和仪表，准确地测定出各项通风参数及其变化规律，以便为安全生产提出可靠的决策依据。

1.1　压力测量

压力是通风工程中重要的空气物理参数之一，压力差是井巷空气流动的原动力。对于同一巷道，不同的压力对应不同的流态。在矿井通风领域内，压力可以有多种表示方法，如绝对压力、相对压力、位压、静压、动压、全压等。

依据测压的原理不同，压力测量的方法可分为以下三类：

（1）重力与被测压力平衡。

此方法按照压力的定义，通过直接测量单位面积所承受的垂直方向上的力的大小来测定压力，如水银气压计、U型压差计和液柱压力计等。

（2）弹性力与被测压力平衡。

弹性元件感受压力后会产生弹性变形，形成弹性力，当弹性力与被测压力平衡时，弹性元件变形的多少反映了被测压力的大小。据此原理工作的各种弹性式压力计在工业上得到了广泛应用，如空盒气压计、自记式气压计等。

（3）利用物质与压力有关的其他物理性质测压。

一些物质受压后，其某些物理性质会发生变化，通过测量这种物理量的变化就能测定压力，根据此原理制造的各种压力传感器，往往具有精度高、体积小、动态特性好、信号可实现远距离传输等优点，成为近年来压力测量的一个主要发展方向，其中半导体压阻式传感器和压电式传感器发展得更迅速。

1.1.1 绝对压力测量及仪表

空气压力的值，如果是以真空状态为基准而测的压力，称为绝对压力，用 P 表示。绝对全压用 P_t 表示，绝对静压用 P_s 表示。测定通风参数时，大气压力和绝对压力使用水银气压计、空盒气压计、精密气压计等进行测定。

1.1.1.1 水银气压计

1. 原理

水银气压计是利用液柱所产生的压力与被测压力平衡，根据液柱高度来确定被测压力大小的压力计。所使用的工作液为水银（Hg）。

水银气压计通常分为动槽式和定槽式两种，无论是动槽式还是定槽式，其原理都是由一端封闭的玻璃管，内装水银组成。但此玻璃管封闭的一端，应使之成为绝对真空。一般可先将装有水银的玻璃管正放，再倒置于水银槽中。

2. 结构

如图 1－1 所示水银气压计中，5 是盛水银的皮囊，转动调节旋钮 4 可以调节囊内水银面的高低，使它恰好与指针尖端 2 接触；3 是密封玻璃管内的水银柱，玻璃管外有金属壳保护，金属壳上附有从 5 中水银面和 2 接触处开始算起的刻度尺，因此，可以直接从 1 处刻度读出管内水银柱的高度；6 是测微游标旋钮。

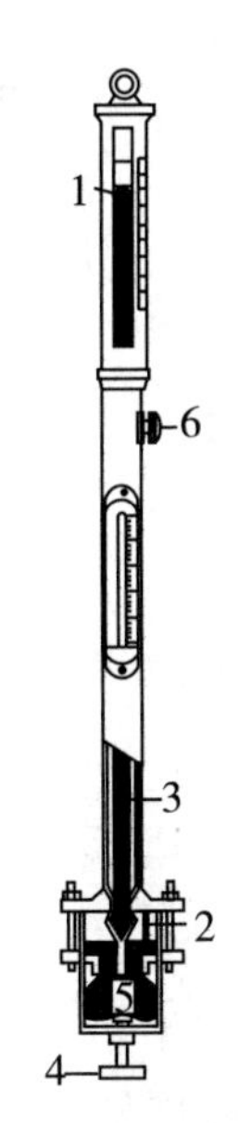

图 1－1　水银气压计

3. 使用

测定时，需把水银气压计垂直悬挂，平稳以后，转动调节旋钮，使水银槽内的水银面和指针尖端刚好接触，这时表明槽中的水银表面和刻度尺上的零位线相齐，然后转动测微游标旋钮，使游标上的零位线和玻璃管内的水银弯月面相切，游标上的零位线所对应的刻度尺上的读数即为所测绝对压力的整数，而所测压力的小数则为游标和刻度尺上某一位置相齐的刻度。

从游标尺上得到，整数加上小数就为所测绝对压力大小，其单位为毫巴（mbar，1 mbar=0.75 mmHg）。定槽式水银气压计下部的水银槽是固定不变的，槽内液面的高低不必调节，其使用方式与动槽式相同。

水银气压计是一种固定式气压计，精度高，一般主要固定在室内使用。

4. 测量误差及其修正

在实际使用时，很多因素都会影响气压计的测量精度，对某一具体测量实践，有些影响因素可以忽略，有些需加以修正。

在纬度 45°、气温 0℃时，海平面上的大气压力为 760 mmHg，称为 1 个标准大气压力。

（1）环境温度变化的影响。

当环境温度偏离规定温度时，液体的密度、标尺长度都会发生变化，由于液体的膨胀系数比标尺的线膨胀系数大 1～2 个数量级，对于一般的测量，主

要考虑温度变化引起的液体密度变化对压力的影响。所以按照0℃对压力计的读数进行温度修正，其修正式为

$$\Delta P_t = \frac{P_d \cdot 0.0001634 \cdot t}{1+0.0001818} \qquad (1-1)$$

式中 ΔP_t——温度修正值，mbar；

P_d——气压计读数值，mbar；

t——温度计读数，℃。

当 $t>0$℃时，ΔP_t 为负；当 $t<0$℃时，ΔP_t 为正。

（2）纬度校正值（ΔP_ϕ）。

$$\Delta P_\phi = -0.00265 \cdot P_d \cdot \cos 2\beta \qquad (1-2)$$

式中 β——测定点纬度，符号由 $\cos 2\beta$ 决定。

当 $\beta=0°\sim45°$时，ΔP_ϕ 为负；当 $\beta=45°\sim90°$时，ΔP_ϕ 为正。阜新地区 $\beta=42°$，$\cos 2\beta=0.1045$。

（3）海拔高度校正值（ΔP_h）。

$$\Delta P_h = -0.000000196 \cdot P_d \cdot h \qquad (1-3)$$

式中 h——气压计安设地点海拔高度，m。

当 h 高于海平面时，ΔP_h 为负；当 h 低于海平面时，ΔP_h 为正。

所以，测定空气大气压力 P，由下式表示：

$$P = P_d + \Delta P_t + \Delta P_\phi + \Delta P_h + \Delta P_j \qquad (1-4)$$

式中 ΔP_j——气压计本身的校正值（附气压计检定证内 $\Delta P_j=0.0$ mbar），mbar。

1.1.1.2 空盒气压计

空盒气压计不同于水银气压计，它是一种体积小、重量轻的携带式气压计，一般用于井上、井下非固定地点测定大气压力，但精度较低。为了提高精度，近年来已用光学放大或电子放大系统加以改造，使精度提高到0.133～1.330 Pa（0.001～0.010 mmHg）。

1. 原理

空盒气压计属弹性式测压仪器，又称为无液气压计，其主要感压元件是一个波纹状金属真空盒。当大气压力发生变化时，具有很强弹性的波纹状真空盒就会产生相应的变形。压力变化越大，相应的变形量也越大。真空盒弹性能与大气压力平衡，通过机械传动机构将真空盒的变形量放大，并用指针显示出所测压力的值。

2. 结构

YM−1 型气压计外形图及结构示意图如图 1−2 所示。

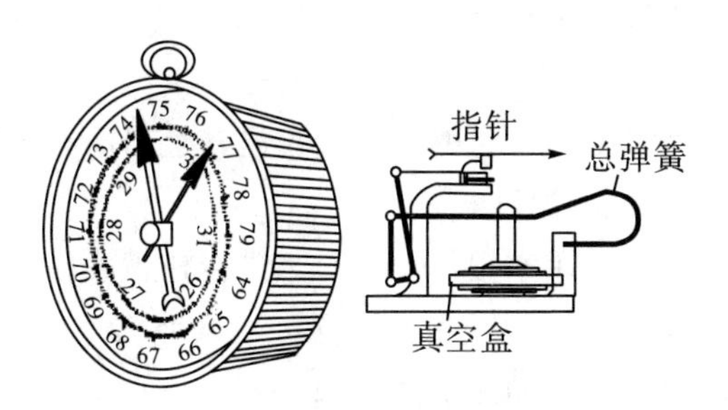

图 1−2 YM−1 型气压计外形及结构示意图

空盒气压计的主要部件是一个金属真空盒，用皱纹薄片密封。当空气的绝对静压发生变化时，薄片随即向上或向下弯曲，用齿轮和杠杆的机械传动作用，把这种弯曲的变化量转变为指针在刻度盘上的转动量，从刻度盘上读出 mmHg 或 mbar、kPa 的读数，背面外壳上有一个小孔，内装一个调整螺旋，用小卡子转动螺旋就能调整指针的位置。

3. 使用

用空盒气压计测绝对压力时，应按以下规则进行：

（1）读数时，仪器必须水平放置，因为仪器的校正和刻度都是在水平条件下完成的。若将仪器倾斜或竖直放置，则指针和传递机械构件间因为有些间隙，将会产生测量误差。

（2）读数之前，需要边注意指针位置，边轻轻敲击仪器的保护玻璃面，直到指针不再移动为止，以消除传递机构摩擦引起的误差。

（3）读数时，视线应沿着指针并与刻度盘成直角，否则将会因为视差而产生较大误差。

（4）读出并记录指针的指示数值后，再读出气压计上温度计的读数，以便进行温度对测定值的修正。

（5）由于弹性元件存在弹性后效特性，因此使用时，仪器应在测定地点放置一定时间之后再读数。特别是在压力变化范围较大的地点测压时，更应注意。例如，当两点间气压差为 20～40 mmHg 时，仪器需放置 20 min 左右。

4. 校正

空盒气压计属于弹性式压力计，环境的影响，以及仪表的结构、加工和弹性材料性能不完善等，会给压力测定带来各种误差。进行精确测定时，气压计读数必须进行刻度、温度和补充校正。每台仪器的出厂检定书中均附有三个校正值。其中，刻度校正和补充校正因每台仪器不同，其修正值也不同，需查出厂检定书。温度校正值用下式计算：

$$P_{温} = \Delta P_{温} \cdot t \tag{1-5}$$

式中 $\Delta P_{温}$——温度变化1℃时的气压校正值，查出厂检定书给定的值；

t——测定时环境的温度，℃。

在普通测定中，一般用水银气压计对其进行校正，校正的方法是用水银气压计精确地测定大气压力值，以此值为标准，来调整空盒气压计的校正旋钮，使仪器的读数与水银气压计的测定值相同。

1.1.1.3 自记式气压计 DYJ1（DYJ1－1）

自记式气压计也是一种空盒气压计，作用原理与上述相同。根据测定时间不同又可分为日记型（DYJ1）和周记型（DYJ1－1）。其主要用来连续测定并记录所测地点某一段时间内的大气压力变化。

1.1.1.4 精密气压计

精密气压计的感受元件大多数也是波纹状真空盒组，但比普通空盒气压计多了一套光学放大或电子放大系统，对真空盒容积的极微小变化都能观测到，精度可达百分之几到千分之几毫米汞柱。

1. 电子精密气压计

电子精密气压计的作用原理：当感应元件金属膜盒组受到大气压力作用而产生轴向位移时，推动角尺杠杆绕轴转动，使触点处于接触或脱开状态。电源接通后，如果触点处于脱开状态，电动机正向转动，驱动测微丝杆向前推进，一直到触点接触；反之，当触点接触时，输向电动机的电流反向，电动机反转，测微丝杆向后倒退，直到触点脱开。与此同时，通过一组齿轮带动计数器随测微丝杆的前进或后退而显示出空盒的位移量，即大气压力值(mbar)。当触点刚接触而又脱开时，计数器显示的恰好是当时的大气压力值。

电子精密气压计的电气部分不防爆，故不能用于瓦斯或煤尘爆炸危险矿井；因最大量程过小，也不能用于深度超过200 m的矿井。

2. 光学精密气压计

光学精密气压计种类较多，其作用原理是：仪器感应元件金属膜盒组的下端固定在仪器底部，上端通过杠杆和固定在盖板上的反射镜相接触，反射镜在杠杆作用下可以转动，盖板另一侧装有一个固定的反射镜，两反射镜均处于同一水平位置。灯泡发出的束光线经滤光片、聚光镜和平面镜到达透明的反射镜后，大部分光线反射经物镜到达接收镜，然后分为两束光线分别照射到两反射镜，再反向进入望远镜的目镜内。平面镜上刻有两条长短不同的标线，测定前调节补偿透镜，使两条标线重合，当大气压力变化时，金属膜盒做轴向移动，带动反射镜绕水平轴转动，标线就产生一定的位移，位移量正比于大气压力的变化值，可通过目镜和测微游标读出大气压力的变化值。

3. 数字式精密气压计

（1）结构原理。

数字式精密气压计既能测定绝对压力，又能测定相对压力和压差，仪器的感压元件是一弹性元件——真空波纹管（或真空波纹盒组）。该类仪器是一种本质安全型矿用便携式仪器，主要有气压探头组件、面板组件、电源、机壳、机箱。气压探头感受的气压及其变化量经机械量/电量转换、放大、调节，最终以数字显示。面板组件包括信号调节、面板表等。电源采用 GNY1 镉镍电池 8 节，并可在地面充电，每次充电可连续工作 16 h。机械量/电量转换是利用差动变压器即自感变压器来实现的。

（2）操作方法。

①气压差显示。将仪器电源打“开”，转换开关拨至“压差”挡，且调零电位计不动，当气压发生变化时，仪器可以毫米水柱为单位显示大气压力的瞬间变化值。

②气压值显示。将仪器电源打“开”，转换开关拨至“压差”挡，调节调零电位计，使仪器显示为零，之后将转换开关拨到“气压”挡，仪器显示的数值与基准气压值 950 mbar 相加，即可得到当地当时的大气压力值。

（3）调试标定方法。

①压差灵敏度校正。

②气压零点校正。

③气压灵敏度校正。

1.1.2　相对压力测量及仪表

相对压力是以当地当时同标高的大气压力为测算基准（零点）测得的压力，即通常所说的表压力，用 P 表示。

在矿井通风日常管理及测试中，大多数情况都需要测定相对压力或压差，如主要通风机、局部通风机、多级机站等通风设备的压力（相对于大气压而言），巷道两端通风压力或通风构筑物两端的压差等。要测定相对压力，就需要相应的仪器采用一定方法来获得有关参数。测定相对压力的仪器通常有U型压差计、单管倾斜压差计和补偿式微压计。为了适应现代化矿井需要，近年来又研制成功压阻式压差计、差压膜盒压差计等，这些新型仪器（如精密气压计）是采用传统的感压元件真空膜盒，通过非电量电测法来测量压力的；而有些则是采用现代半导体技术直接测量压力的。体积小、重量轻的合作新型仪器，不但使测试工作易于进行，而且大大提高了测试精度，同时，运用新型仪器的原理，还可以做成矿井安全监测系统的传感器，使系统的功能、性能及适应性有更大的提升。

1.1.2.1 U型压差计

1. 基本结构

U型压差计通常称为U型水柱计，分为垂直式和倾斜式，如图1－3所示。无论是哪一种形式，其基本结构都是：将一根8～10 mm内径相同的玻璃管弯成“U”形，并在其中装入工作液蒸馏水（或酒精等其他液体），在U型玻璃管中间置一刻度尺。此外，倾斜式压差计还有两处用于调仪器水平度的水准管。

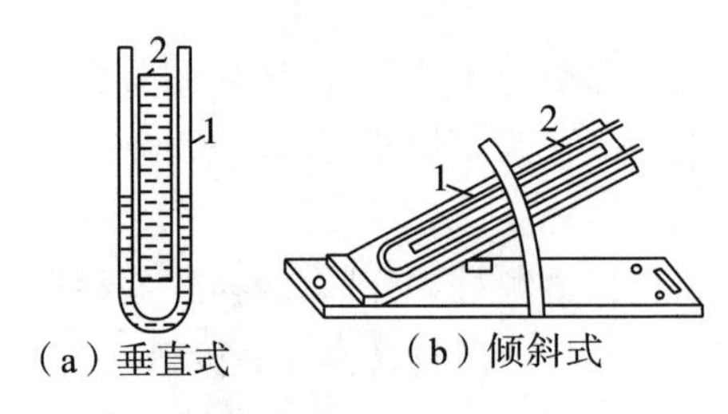

（a）垂直式　（b）倾斜式

1－U型玻璃管；2－刻度尺

图1－3　U型压差计

2. 测压原理

当工作状态的U型压差计两侧压力为P_1、P_2时，如图1－4所示。其差值与压差计中工作液高度h的关系为

$$P_1-P_2=gh\rho \tag{1-6}$$

式中　g——重力加速度，m/s^2；

ρ——工作液密度，kg/m^3。

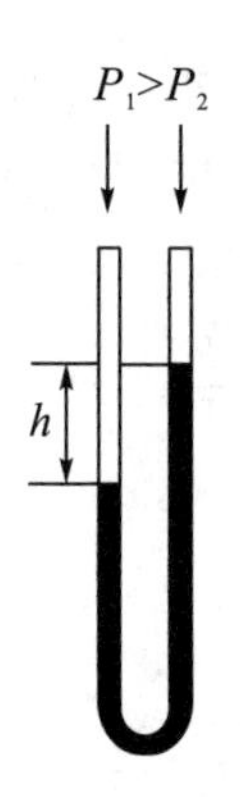

图 1-4　U 型压差计工作原理

常用的垂直式 U 型压差计的工作液多为蒸馏水，在过去使用的工程单位制中，压力（压强）常用液柱高度（即压头 P/r，$r=g\rho$）来表示，故有

$$P_1-P_2=h(\text{mmH}_2\text{O})$$

或
$$P_1-P_2=9.8h(\text{Pa}) \tag{1-7}$$

上述分析的是垂直式 U 型压差计的测压原理，若倾斜式 U 型压差计的工作状态与上述状况相同，则所测相对压力为

$$P_1-P_2=h\rho\sin\alpha(\text{mmH}_2\text{O})$$

或
$$P_1-P_2=9.8h\rho\sin\alpha(\text{Pa}) \tag{1-8}$$

式中　h——两液面之间的距离（斜长距离），mm；

α——倾斜式 U 型压差计 U 型玻璃管倾斜的角度，°；

ρ——工作液密度，kg/m^3。

采用倾斜式 U 型压差计测压比垂直式 U 型压差计的精度要高，因为这种 U 型压差计能减少读数上的误差，当采用垂直式 U 型压差计时，若读数误差为 0.5 mmH_2O，而采用 α 为 10°的倾斜式 U 型压差计来测定，虽然读刻度尺的误差仍为 0.5 mmH_2O，但转化为垂直式 U 型压差计的误差只有 $0.5\sin10°=0.087$ mmH_2O。

U 型压差计的精度一般只能达到 1 mmH_2O，故常用以测量较大的压差，如测扇风机风硐与地面的大气压差。使用时，应保持垂直式 U 型压差计悬挂垂直，倾斜式 U 型压差计需用水准管将仪器调平。连接好测压设备后，进行压力值读取时，尽量同时读两液面之差，以减少读数误差。

1.1.2.2　单管倾斜压差计

1. 基本结构

单管倾斜压差计，就是为了提高仪器的灵敏度，降低读数误差，将 U 型玻璃管的一侧改制成一个容器，而另一侧仍为玻璃管，并将该玻璃管做成角度可调的结构。单管倾斜压差计的测压原理如图1－5所示。它是由具有大断面的容器A（面积为F_1）和与之相连通的一个小断面的倾斜管B（断面积为F_2）在其内装有适量的工作液而组成。$\frac{F_1}{F_2}$一般为250～300。

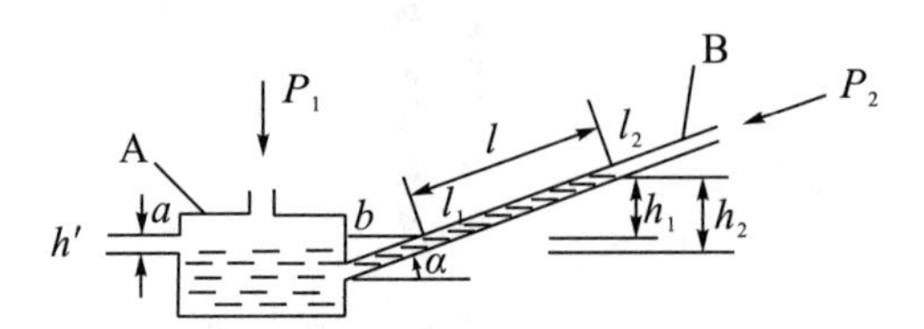

图1－5 单管倾斜压差计测压原理示意图

2. 测压原理

如图1－5所示，设压力$P_1=P_2$，容器A与倾斜管B的液面均位于$a—b$水平面，倾斜管B液面的读数为l_1 mm。再设$P_1>P_2$，容器A内的液面下降h' mm，倾斜管B内的液面上升至读数l_2 mm。

由于容器A内液面下降的体积与倾斜管B内液体上升的体积相等，故$F_1h'=F_2l$，且$h_1=\sin\alpha$，$h'=\frac{F_2}{F_1}\cdot l$，$l=l_2-l_1$，则测得$P_1$与$P_2$之差为

$$P_1-P_2=h=\delta(h'+h_1) \tag{1-9}$$

式中 δ——工作液面的比重。

将h'与h_1代入式（1－9）得

$$P_1-P_2=h=\delta\left(\frac{F_2}{F_1}+\sin\alpha\right)\cdot l \tag{1-10}$$

对于一定的仪器，δ、F_2/F_1都是定值，故

$$K=\delta\left(\frac{F_2}{F_1}+\sin\alpha\right) \tag{1-11}$$

则

$$P_1-P_2=h=Kl(\text{mmH}_2\text{O}) \tag{1-12}$$

式（1－12）即为单管倾斜压差计测压算式。式中，K为仪器的校正系数，它是随α变化的函数，不同的α，有不同的K，一般用实验方法确定。

YYT－200型倾斜压力计、Y－61型倾斜微压计、M型倾斜微压计及KSY型微压计等均属于单管倾斜压差计，其比U型压差计的精度高，较结实、耐用，适于井下测试工作。

3. 仪器测压时的操作程序

（1）调平仪器，即调整仪器底座上左、右两个螺钉将仪器调平（水准仪的

气泡居于中心）。

（2）把零位调整螺丝拧到中间位置，拧开注液孔螺丝，注入标准酒精，并排除斜管中气泡，并调节倾斜管液面在“0”刻度处。

（3）测压时，“+”接头接高压，“−”接头接低压。

（4）与刻度尺垂直且沿与凹液面相切的方向，读数并记录。根据单管倾斜角度计算实际压力。

1.1.2.3　补偿式微压计

精细测量用 DJM9 型补偿式微压计，其结构如图 1−6 所示，仪器基本部件为盛水容器 1 和 2，用胶管连通，容器 1 的位置固定，容器 2 可上下移动。当 $P_1>P_2$时，容器 1 液面下降，容器 2 液面上升，这样通过提高容器 2 的位置，用液柱高度来补偿空气压差造成容器 1 中液面下降，使它恢复到原来的位置。此时，容器 2 升高的刻度恰好是空气压差所造成的液面高度。最后根据容器 2 上的指示标读数，即为压差值（最小读数为 0.01 mmH_2O=0.1 Pa）。

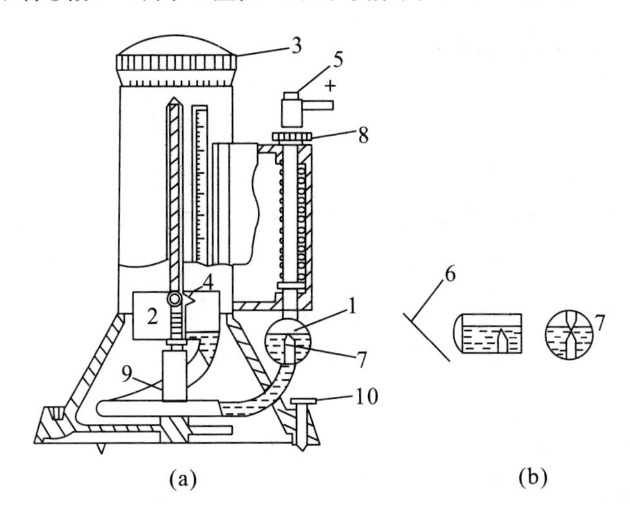

1−小容器；2−大容器；3−读数盘；4−指针；5−螺盖；6−反射镜；
7−水准器；8−螺母；9−胶皮管；10−调平螺钉

图 1−6　补偿式微压计结构示意图

1.1.2.4　WFQ−1 型防爆数字式气压计

WFQ−1 型防爆数字式气压计的静压传感器由真空压力膜盒、差动变压器及整流电路组成。压力膜盒通过感受到的气压变化所形成的微小位移带动差动变压器的铁芯上下移动，使差动变压器两副边绕组产生与压力成正比的电信号，由整流后输出电压 V_ε，经 Ics 放大器放大为电压 V_1后，与气压调节器输出的直流电压V_0进行比较，再经 Ics 放大器放大为电压V_2后，由显示器显示出被测气压与参数气压的差值。

1.2 温度测量

温度是衡量物体冷热程度的一个基本物理参数，在许多工程技术中都会遇到温度的检测和控制问题。例如，在矿物开采过程中，随着开采深度增加，地温也将按一定规律升高，导致工作环境温度上升，为了保证有一个良好的工作环境，就需要对温度进行检测和控制。再如，在煤矿生产中，有些采区由于煤的自然发火而被封闭，为了了解封闭区火灾的具体发展情况，也需要借助仪器、仪表来检测温度。因此，温度测量技术是工程测试技术中的一项重要内容。

1.2.1 温度的概念及温标

1.2.1.1 温度

温度的概念建立在热平衡的基础上。例如，将冷热不同的两个物体放在一起，热量将从较热的物体传递给较冷的物体，这时两物体热状态必然随之发生相应变化，经过一定时间后，两物体将随着热交换达到动平衡而处于相同的热状态，这一共同的热状态可用一个物理参数——温度来表示。温度就是反映物体冷热程度的一个状态参数，或者说是物体冷热程度的一种度量，温度越高，物体越热；反之，物体越冷。

人们时常凭借自身感觉来判断温度的高低，通常用烫、热、温、凉、冷、冰冷等词汇来形容冷热程度，但是仅凭主观感觉来判断温度既不科学，又无法定量。例如，在同一环境温度中有一把铁锤，尽管铁锤和木柄具有相同的温度，但由于铁锤比木柄传热快，所以人们同时触摸铁锤和木柄时，会产生铁锤比木柄温度低的错觉，为此，物体的温度通常需用专门的仪器——温度计来客观地进行测量。

1.2.1.2 温标

对于测温参数、参考点及测温单位“度”的不同规定，便形成了各种温标，温标是用来衡量物体温度的标尺。国际上用得较多的温标有摄氏温标、华氏温标、热力学温标和国际实用温标等。

1. 摄氏温标（摄氏度,℃）

摄氏温标是较早出现并应用得比较广泛的一种温标，它的物理基础是规定汞随温度变化的体积膨胀是线性关系，分度的方法是在标准大气压（1013.25 百帕斯卡）下，纯水冰点为 0 度，沸点为 100 度，而把汞柱在这两个固定点之间变化的长度分为 100 等分，每 1 等分代表 1 摄氏度，用符号℃表示。我国、俄罗斯和许多国家都采用这种温标。

早在 1742 年，瑞典天文学家安德斯·摄西阿斯（Anders Celsius，1701—1744）将一大气压下水的冰点规定为 100℃，沸点规定为 0℃，两者间均分成 100 个刻度，和现行的摄氏温标刚好相反。直到 1743 年才被修改成现行的摄氏温标。

在温度计上刻 100℃的基准点时，并不是把温度计的水银泡（或其他液体）插在沸腾的水里，而是将温度计悬在蒸汽里。实验表明，只有纯净的水在正常情况下沸腾时，沸水的温度才与蒸汽温度一样。若水中有了杂质，溶解了别的物质，沸点将升高，也就是说，要在比纯净水的沸点更高的温度下才会沸腾。如水中含有杂质，当水沸腾时，悬挂在蒸汽里的温度计上凝结的却是纯净的水，因此其水银柱的指示与纯净水的沸点相同。在给温度计定沸点时，为避免水不纯的影响，应用悬挂温度计的方法。在温度计上刻 0℃的基准点时，是把温度计的水银泡（或其他液体）插在冰水混合物里。这种方法存在误差，现在多采用水的三相点来标定温度计的 0℃。

2. 华氏温标（华氏度,℉）

华氏温标与摄氏温标所选用的物理基础是一样的，即选用汞为测温的介质，但它规定在标准大气压下纯水的冰点为 32 华氏度，沸点为 212 华氏度，把这两个固定点之间的汞柱变化长度划分为 180 等分，每 1 等分就代表 1 华氏度，用符号℉表示。

3. 热力学温标（开尔文，K）

热力学温标又称为绝对温标或开氏温标。它是以热力学为基础建立起来的一种理论温标，并体现温度仅与热量有关而与工质无关。因此，它克服了摄氏温标和华氏温标与工质有关的不足，故人们把其作为国际上使用的基本温标，在国际单位制中，它是七个基本单位之一。

绝对温标规定水在标准大气压下的三相点（水、冰、气三相同时存在）为 273.16 度，沸点与三相点间分为 100 格，每格为 1 度，记作符号 K，把水的三相点以下 273.16 K 定为绝对零度。但实际上，理想的卡诺循环无法实现。

因此，热力学温标也无法实现。由热力学理论可以证明，热力学温标与理想气体温标是完全一致的，因而可借助理想气体温度计来实现热力学温标，虽然理想气体是不存在的，然而氢、氦、氮这些实际气体在压力较小的情况下，其性质很接近理想气体，故可利用这些气体来制作气体温度计，在使用中以气体温度计经过示值修正后来复现热力学温标，由气体温度计测得的水的三相点为0.01℃，相应绝对零点应取−237.15℃。

三种温标之间的换算关系如下：

$$t\ (℃) = \frac{5}{9}\ [t(℉) - 32] \tag{1-13}$$

$$t\ (℉) = \frac{9}{5}t(℃) + 32 \tag{1-14}$$

$$T\ (K) = t(℃) + 273.15 \tag{1-15}$$

由于气体温度计结构复杂，不太实用。因此，人们建立了一种既符合热力学温标，又使用简便的温标，即国际实用温标。

4. 国际实用温标（IPTS）

国际实用温标是用来复现热力学温标的。1967 年第 13 届国际度量衡大会通过的“1968 年国际实用温标”，简称 IPTS−68，记作符号 T_{68}和 t_{68}，其单位分别为 K 和℃。我国从 1973 年起开始采用国际实用温标作为计量温度的标准。T_{68}和 t_{68}满足以下关系：

$$t_{68} = T_{68} - 273.15 \tag{1-16}$$

1.2.2 测温仪器的分类及特点

1.2.2.1 分类

按测温方式，通常可将测温仪器分为接触式和非接触式两类。接触式是指感温元件与被测介质（或物体）直接保持热接触，当感温元件与被测介质达到动态热平衡后，根据测温仪器输出的信息来确定被测对象的温度值。非接触式是指感温元件不与被测介质（或物体）直接接触，而是通过被测对象的热辐射或对流将信息传递给感温元件，以达到测温的目的。

根据测温仪器的工作原理，其分类见表 1−1。

表1－1　测温仪器的分类

测温方式	测温原理		测温传感器及仪表名称
接触式	体积变化	固体膨胀	双金属温度计
		液体热膨胀	水银及酒精温度计、压力式（充液或充饱和汽、液）温度计等
	电阻变化	气体热膨胀	压力式（充气）温度计、气体温度计等
		金属热电阻	铂、铜、镍、铑、铁热电阻等
		半导体热敏电阻	锗、碳氧化物等半导体热敏电阻
	电压变化	PN结电压	PN结数字温度计
	热电势变化	贱金属热电偶	铜－康铜、镍铬－镍硅热电偶等
		贵金属热电偶	铂铑10－铂、铂铑30－铂铑6热电偶等
		难溶金属热电偶	钨－铼、钨钼热电偶等
		非金属热电偶	碳化物－硼化物热电偶等
	频率变化	石英晶体	石英晶体温度计
	光学特征变化	光纤及液晶	光纤温度传感器、液晶测温膜等
	其他	其他	测温锥、声学温度计
非接触式	热辐射能量变化	亮度法	目视亮度高温计、光电亮度温度计等
		全辐射法	辐射感温器或温度计
		比色法	比色高温计
		部分辐射法	部分辐射温度计、光谱温度计等
		其他	红外温度计、火焰温度计等

1.2.2.2　接触式和非接触式测温仪器的比较

各种测温仪器的优缺点和使用范围见表1－2。

表1－2　各种测温仪器的优缺点和使用范围

形式	种类	优点	缺点	使用范围	
接触式	玻璃液体温度计	一般没有较大的误差，操作方便，价廉	容易破损，读数麻烦，一般不能离开测量点测量，不能记录、远传和自控	－200～100（150）	有机液体
				0～350（－30～750）	水银

续表

形式	种类	优点	缺点	使用范围	
接触式	双金属温度计	机械强度大，能记录，报警和自控	不能离开测量点测量	0～300（－50～500）	
	压力式温度计	离开被测点10m左右也可进行测量，能记录、报警和自控	温度升高时指示不稳定，操作时稍不注意会产生误差	0～500（－50～600）	液体型
				0～100（－50～200）	蒸汽型
	电阻式温度计	测量精度高，能做远距离、多点测量，能记录、报警和自控	结构复杂，不能测量高温，由于体积大，测点温度较困难	－150～500（－200～600）	铂电阻
				0～100（－50～150）	铜电阻
				－50～150（－50～150）	镍电阻
				－100～200（300）	热敏电阻
	热电偶	与电阻温度计相同，但测温范围广	需冷端补偿，在低温段测量精度较低	0～500（－200～800）	镍铬－考铜
				0～500（－200～1250）	镍铬－镍硅
				200～1400（0～1700）	铂铑10－铂
				200～1500（200～1900）	铂铑30－铂铑
非接触式	光学高温计	携带用，可简便地测温，与辐射高温计比较，光路中因吸收而引起的误差和放射率补偿小，便于测量1000℃以上的高温	必须动手，有人为误差，不能做远距离测量，不能记录、报警和自控	900～2000（700～2000）	

续表

形式	种类	优点	缺点	使用范围
非接触式	辐射高温计	测量元件不破坏被测对象温度场，能做远距离测量，能报警和自控，测温范围广	只能测高温，低温段测量不准，环境条件会影响测量精度，连续测高温时需进行水冷却或气冷却	100～2000（50～2000）

（1）由于接触式测温仪器的感温元件要求直接与被测对象接触才能达到测温的目的，因此，感温元件需要有一定时间才能与被测对象达到热平衡（如在测人体体温时，要等待一段时间），这样测温会产生较长时间的滞后。另外，感温元件要破坏被测对象的温度场，很难正确反应被测对象的真实温度，且测量元件有可能与被测对象发生化学反应而遭受破坏。非接触式测温仪器是通过被测对象产生的热辐射来达到测温目的的，所以反应速度较快、滞后时间短，不破坏被测对象的温度场，也不会有被氧化还原破坏的危险。

（2）接触式测温仪器通常比较简单、可靠，且测量的精度也较高，一般可达 1%以内。非接触式测温仪器结构复杂，测温时受到被测对象发射率、测温对象到仪器之间的距离、粉尘及水蒸气等的影响，测量误差比接触式测温仪器大，一般都在 1%以上。

（3）接触式测温仪器受材料的影响，测温上限受到限制，一般用于测低温和超低温。非接触式测温仪器上限高，当被测对象温度较低时，辐射能量较小，致使非接触式测温仪器不宜测量低温。

（4）接触式测温仪器对运动状态的温度测量比较困难。非接触式测温则容易实现。

结合通风与安全的专业特点，下面主要介绍液体膨胀式温度计、热电偶温度计、热电阻温度计。

1.2.2.3　液体膨胀式温度计

液体膨胀式温度计是利用液体体积随温度升高而膨胀的原理制作而成的。最常用的液体有水银和酒精。图 1－7 是液体膨胀式温度计示意图。

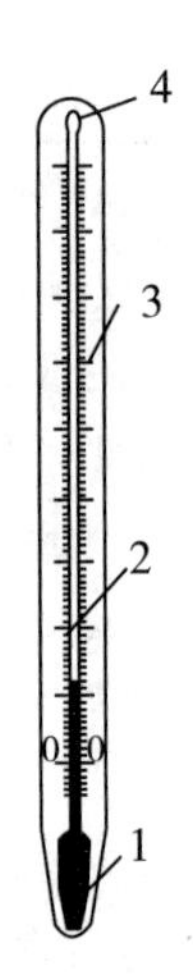

1—玻璃温包；2—毛细管；3—刻度标尺；4—膨胀室

图 1—7　液体膨胀式温度计

由于液体膨胀系数比玻璃大得多，因此当温度增高时，玻璃温包里的液体膨胀而沿毛细管上升。为防止温度过高时液体胀裂玻璃管，在毛细管顶端留有一膨胀室。液体膨胀式温度计的特点是测量准确、读数直观、结构简单、价格低廉、使用方便，故应用很广泛，但有易碎、不能远传信号和自动记录等缺点。液体采用水银的好处是不易氧化变质、纯度高、熔点和沸点的间隔大，常压下在−38℃～356℃保持液态，特别是在200℃以下，液体膨胀系数具有较好的线性度，所以普通水银温度计常用于−30℃～300℃。如果在水银面上充惰性气体，测温上限可以高达750℃。如果需要测−30℃以下的温度，可用酒精、甲苯等作为液体介质。

温度计的玻璃管均采用优质玻璃，温度刻度超过300℃用硅硼玻璃，500℃以上则需用石英玻璃。液体膨胀式温度计最小分度通常有0.1℃、0.2℃、0.5℃及1℃等。

测温时，应注意温度计的插入深度，一般液体膨胀式温度计的标定都是在全浸式条件下进行。若使用条件偏离了标定条件，则需要按下式修正：

$$\Delta t=\gamma n(t-t_1) \tag{1-17}$$

式中　Δt——露出液体部分的温度修正值，℃；

n——露出液体部分所占刻度数，℃；

t——温度计的读数，℃；

γ——感温液体的视膨胀系数，1/℃，可查表1—3；

t_1——使用条件下液柱外露部分的环境温度，℃，由辅助温度计测得。

表 1—3　液体膨胀式温度计的测温范围与视膨胀式系数

液体介质	测温范围（℃）	视膨胀系数 γ（1/℃）
水银	−30～750	0.00016
甲苯	−90～100	0.00107
乙醇	−100～75	0.00103
石油醚	−130～25	—
戊烷	−200～20	0.00090

例　用水银温度计测得某管道内的介质温度时，其读数值为 350℃，温度计插入深度仅到 100℃的刻度处，管道外部平均温度为 60℃，试求管道内的真实温度。

解：由式（1−17）知，$t=350$℃，$t_1=60$℃，$n=350-100=250$（℃），查表 1−3 得 $\gamma=0.00016$，则修正值为

$$\Delta t=250\times0.0016\times(350-60)=11.6\ (℃)$$

故所测管道内的真实温度为

$$t_{真}=t+\Delta t=350+11.6=361.5\ (℃)$$

全浸式是将温度计的全部液柱均浸入被测介质中，若部分液柱不在被测介质中就称为部分浸入式。

另外，在使用水银和酒精温度计时，应注意其测量范围，如果测温介质温度低于−38℃，水银将结冰，就无法使用；若测温介质温度高于 78.3℃，酒精将开始沸腾，也不能使用。除此以外，还应注意以下事项：

（1）测温之前，应先检查温度的液柱是否断裂。

（2）测温时，应注意温度计的热惰性，一般需经过数分钟后温度计才能正确地反映被测介质的温度。

（3）读温度计上的数值时，应将视线放在与温度计中的液面同一水平面上。

（4）测温时，应避免辐射热的影响。

（5）测定气体温度时，应避免水滴的影响。

1.2.2.4　热电偶温度计

热电偶是工业上最常用的一种测温元件。热电偶温度计测量温度的基本原理是基于两根不同材料导体的两个连接处温度不同时产生热电动势的现象。由于热电偶温度计具有结构简单、使用方便、精度高、测量范围宽等优点，因此

其得到广泛应用。

使用热电偶温度计测温时，除了有感温元件热电偶，还必须有检测热电偶产生热电势的仪器，即显示仪器。根据检测到的热电势就可得到相应的温度。

1.2.2.5 热电阻温度计

热电阻温度计是根据金属等材料的电阻值随温度变化而变化的原理进行测温的。

在工程技术测试中，测量温度所用热电阻温度计常用材料为铂和铜。除此之外，还有镍、金、银等。目前，低温和超低温的测量，已开始应用锰、铟和碳等材料。一般情况下，用于制作热电阻温度计感温元件的材料应满足以下条件：

（1）电阻温度系数大，且热容量小。

（2）在测量范围内，物理性质和化学性质均要稳定。

（3）材料的电阻率要尽量大，这样可以使感温元件在同样的灵敏度条件下体积较小。

（4）电阻与温度的变化关系保持单值且近似线性。

（5）容易获得较纯物质且复制性强。

（6）价格便宜。

用于矿井远距离温度测定的传感器（如 MJW－1 型）就是利用上述原理和方法制作的。

1.3 矿井气候条件测定

矿井气候条件的狭义概念是井下空气的温度、湿度、热辐射和风速的综合状态；广义概念还包括粉尘、噪声、照明度及狭小的工作空间等。然而，目前要找出一种能够客观度量包括所有环境影响因素的综合办法并进行评价是不可能的。矿井温度、湿度和风速三者的综合状态直接影响井下工作人员的身体健康及工作效率，因此，准确地测定矿井气候条件，可以对评价气候条件的好坏，改善劳动条件提供必要的科学依据。

矿井空气的温度、湿度、风速等参数可利用几个有关仪器来获得，也可以利用一种仪器——卡他计（或卡他温度计）来直接测定。本节主要介绍湿度及卡他度的测定。

1.3.1　空气湿度的概念

空气湿度是表示空气干燥程度的物理量。在一定的温度下，一定体积空气中含有的水汽越少，空气越干燥；水汽越多，空气越潮湿。空气的干湿程度叫作“湿度”，其表示方法有以下几种。

1.3.1.1　绝对湿度

绝对湿度 ρ_V 是单位体积的湿空气中所含水蒸气的质量，kg/m^3，即

$$\rho_V = \frac{P_V}{R_V T} \tag{1-18}$$

式中　P_V——湿空气中的水蒸气分压力，Pa；

T——湿空气的绝对温度，K；

R_V——水蒸气的气体常数，为 461.5 J/(kg·k)。

1.3.1.2　相对湿度

相对湿度 φ 是空气中水蒸气的实际含量和同温度下最大可能含水蒸气量之比。相对湿度有时也可称为水蒸气的饱和度，即

$$\varphi = \frac{\rho_V}{\rho_{sat}} \text{或} \varphi = \frac{P_V}{P_{sat}} \tag{1-19}$$

式中　ρ_{sat}——饱和湿空气的绝对湿度，kg/m^3；

P_{sat}——湿空气中水蒸气的饱和分压力，Pa，可查表得到。

1.3.1.3　含湿量

在湿空气中，与 1 kg 干空气同时并存的水蒸气含量称为含湿量，常用 d 来表示，单位为 g/kg 干空气。

1.3.1.4　露点温度

如果气体的湿度不变，降低气体的温度，使气体中的水蒸气达到饱和状态，此时气体的温度称为露点温度，用 t_d 表示。

湿空气中水蒸气饱和分压力 P_{sat} 可以查表获得。利用气体方程可以求出相对湿度与含湿量之间的关系如下：

$$d = K \cdot \frac{\varphi P_{sat}}{P - \varphi P_{sat}} \tag{1-20}$$

式中　P——湿气体的总压力，Pa；

K——与气体性质有关的常数，取 622。

1.3.2 空气湿度的测定

空气湿度的测定方法按作用原理可以分为以下四种：

(1) 利用干湿温度差效应的干湿球温度计。

(2) 露点湿度计。

(3) 利用某些吸水性固体物质，在吸着（包括吸收和吸附）周围空气中的水分后，其线性尺寸的变化与空气湿度之间的关系确定空气湿度。

(4) 利用某些物质的电气特性与周围介质湿度之间的关系来测定空气湿度。

1.3.2.1 干湿球温度计

1. 基本原理

干湿温度差是指气体原有温度（干球温度）与湿球温度之差。

从水的蒸发机理可知，含水蒸气较少的空气容易吸收湿纱布上的水分，或者说湿纱布上的水分比较容易蒸发，水分蒸发越多，被纱布包着水银球的温度越低。干湿温度差越大，表示空气越干燥或其相对湿度越小。

2. 常用仪器

(1) 立式湿度计。

立式湿度计由悬挂在一起的干球温度计和湿球温度计组成。测定时，除直接对干球温度计、湿球温度计进行读数外，还需查表，即得空气的相对湿度。这种仪器只能测固定地点的湿度，且由于湿球不运动，测值偏高。

(2) 手摇式温湿度计。

手摇式温湿度计的结构如图 1-8 所示，它是将干球温度计、湿球温度计装在一个可旋转的手柄上，手柄带动干湿温度计旋转，相当于有一定的风速作用于湿球上，这样就可避免因无风速或风速小而引起测试误差。

测定时，先用水将湿球温度计的纱布浸润，然后用手握住湿球温度计的手柄，旋转 1~2 min，停止后立即读数，在同一地点重复 2~3 次，并取 n 次读数的平均值。

测得数据后需查表才能得到相对湿度。

(3) 机械通风式湿度计（或风扇式湿度计）。

机械通风式湿度计也称为阿斯曼温湿度计，其结构如图 1-9 所示。干球温度计、湿球温度计球部外各罩有一金属风管，风管与上部靠弹簧作用转动的小风机相连，使空气以一定的风速自风管下端进入，流过干球温度计、湿球温度计球部，自小风机处排出。因此，机械通风式温度计能消除因外界风速变化而产生的影响，并防止辐射热的作用。用机械通风式湿度计来测定相对湿度，结果准确性较高，所以这种湿度计在有高温辐射的场所广泛应用。

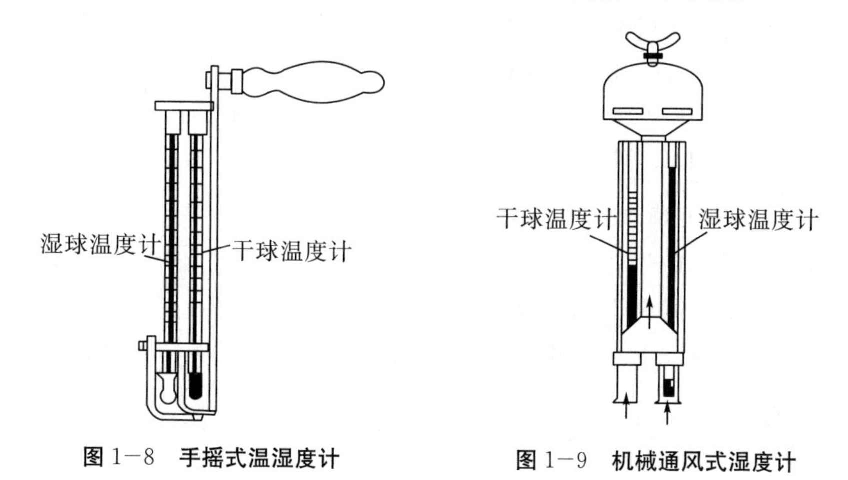

图 1—8　手摇式温湿度计　　图 1—9　机械通风式湿度计

3. 使用干湿球温度计的注意事项

（1）测定时，为了保证准确性，应尽可能快地读数，避免对着温度计急速呼吸。

（2）包裹湿球温度计的纱布力求松软，并有良好的吸水性，纱布要经常保持清洁。测定前，必须将纱布湿润。

（3）使用机械通风式湿度计测定时，应将小风机弹簧上紧，等到小风机运转 3～4 min 后再进行读数。

1.3.2.2　毛发湿度计

空气相对湿度的大小能影响毛发中所含水分的多少，使毛发发生伸长和缩短现象，毛发湿度计就是利用这一特性做成的，如图 1—10 所示。

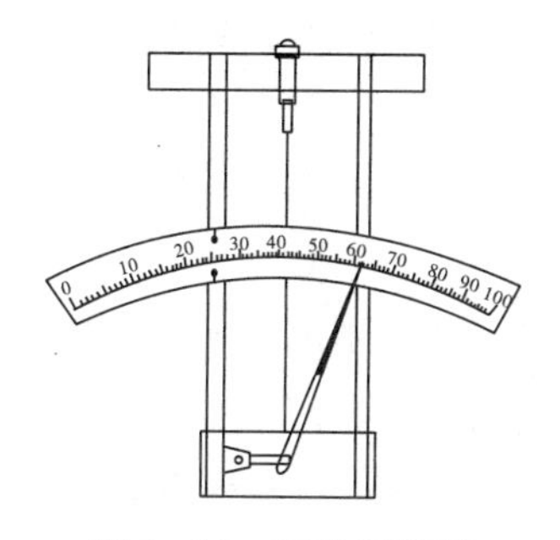

图 1—10　毛发湿度计

毛发湿度计最简单的一种形式是：毛发的一端固定在金属架上，另一端与杠杆相连，当毛发因空气相对湿度变化而伸长或缩短时，杠杆就被牵动，杠杆一端的指针即沿着弧形刻度盘移动，指示出空气的相对湿度。

毛发湿度计的优点是使用方便，但其准确度不够稳定，需要经常校对，质量较好的毛发湿度计的准确度可维持一年左右。当相对湿度变化时，因毛发的阻滞作用所造成的误差约为3%。此外，毛发湿度计的惰性较大，不适于测定波动较大的空气相对湿度。

1.3.2.3 电解式湿度计（湿度传感器）

前面介绍的几种测定湿度的仪器都是非电量直接测定，不便于实现远距离测定和自动控制，而自动检测中的电解式湿度计（或温度传感器）则不同，它是利用电解质的导电性（或电解质的电阻值）与空气湿度的关系来测定湿度的。

1. 原理

根据拉乌尔定律，在同一温度下，水溶液表面的饱和蒸气压较纯水表面的饱和蒸气压低，所以水溶液的浓度不同，其表面的蒸气压也不同，如果水溶液的浓度一定，则其表面的饱和蒸气压也保持一定，使气液两相始终保持平衡状态。这样，当通过水溶液表面的气体分压大于该溶液所对应的饱和蒸气压时，则气体中的水蒸气就会被溶液吸收一部分，溶液就被稀释；反之，溶液就被浓缩，因为有一部分水分从溶液中蒸发出来以保持平衡状态。因此，如果原来处于平衡状态，溶液的浓度一定，并具有一定的电导，由于通过气体使其稀释或浓缩，电导也会发生相应变化，故可通过测量电导来确定气体的湿度。

2. 结构

用氯化锂（LiCl）作为电介质的传感器结构，是一层薄的电解质溶液黏结在多孔性陶瓷或有机玻璃空心圆筒体上，另有两根直径为0.1 mm的细铂金丝呈螺丝状缠在圆筒体外，它们组成一对电极。

电解式湿度计对电解液的要求较高，其配制方法是把粉末状氯化锂溶于纯乙醇中（两者重量比为1∶4），在65℃～70℃的范围内加热成稠状溶液。溶液中氯化锂的浓度不同，测量范围也不同，所以根据测量范围，用乙醇将制得的溶液稀释到要求的浓度。例如，测量范围是φ=40%～70%，氯化锂的浓度应为5%～10%。

电解式湿度计的测量系统有很多，如图1－11所示是一种比较简单的系统，其由交流电源经降压变压器 1 供电，根据传感器 4 所感受的湿度不同，电阻 R_x 发生相应变化，所以电路中会出现不同大小的电流信号。交流信号经整流后可以用毫伏计 3 测量，也可以经接线端 6 输送给自动电子电位计测量，指示仪表都用相对湿度直接分度。

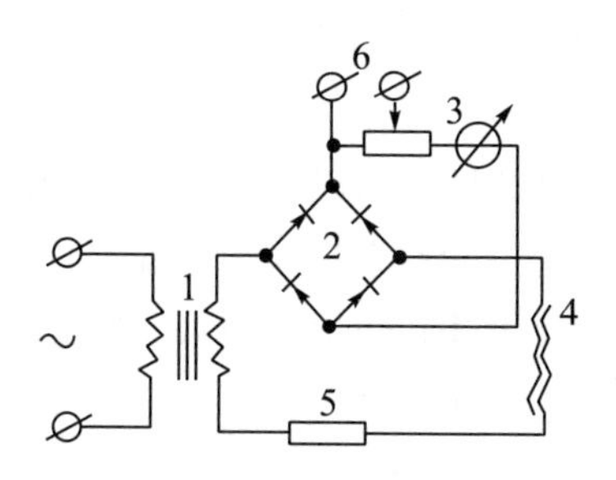

图 1－11　电解式湿度计测量系统

电解式湿度计有以下几个特点必须说明：

(1) 无论传感器的结构如何，其测量上限和下限都有一定限制，相对湿度太大，如近似 100%时，长时间操作会使传感器表面层的结构发生变化以致破坏感受元件的特性，所以上限不能太高。另外，测量时，相对湿度不宜过低，如低至电解质蒸发的程度，使溶液的浓度达到饱和，继续蒸发只会出现干物质时，也会失掉原来的作用规律，所以下限受到限制。氯化锂的测量下限为：当温度为 0℃、25℃、50℃时，φ 分别为 14.7%、12.0%、11.4%。

(2) 与一般电导仪一样，电极也存在极化问题，解决办法是提高工作电流频率，降低工作电流密度。必须注意选择适当的电极材料以降低极化影响。另外，电极的抗腐蚀特性也不可忽视。

(3) 温度对测量的影响也十分严重，主要从两个方面影响测量结果：一是电解液的浓度和温度之间的关系；二是温度不同，电解液的导电率会发生相应变化。

1.3.3　卡他温度计综合测定气候条件

空气气候条件要素（温度、湿度及流动速度）必须满足一定要求，进行某种繁重劳动工作的人体才能正常散热，并能保持工作能力，感觉到所谓的“舒适”。若空气温度、湿度和流速发生某种变化，人体散热情况改变，正常感觉被破坏，工作人员工作能力下降，则会出现所谓“不舒适”的现象。

《煤矿安全规程》第六百五十五条规定：“当采掘工作面空气温度超过 26℃、机电设备硐室超过 30℃时，必须缩短超温地点工作人员的工作时间，并给予高温保健待遇。当采掘工作面的空气温度超过 30℃、机电设备硐室超过 34℃时，必须停止作业。”

美国国家职业安全卫生研究所（NIOSH）规定，人员从事中等劳动强度工作，当环境风速较低、空气湿度接近饱和情况时，湿球温度不得超过 28℃。该指标已经在南非和德国矿山广泛应用。我国尚未对湿球温度做出具体要求。

空气温度、湿度及流动速度可以单独用相应的测试仪器进行测量，但人们很难从某一个单独要素知道环境对人员的影响程度，影响人体“舒适”与“不舒适”应是空气气候条件要素综合作用的结果。因此，空气气候条件必须进行综合测定，测定仪器通常是卡他温度计。

1.3.3.1 卡他温度计结构

目前对于空气气候条件综合测定，主要采用卡他温度计。它是一种检查空气温度、湿度和流动速度对人体综合作用的仪器，属于酒精测温类，其结构如图 1−12 所示。下端为长圆形储液球，长 38～40 mm，直径 16～18 mm，表面积 22.6 cm^2，内储红色酒精；上端也有长圆形的空间，以便在测定时容纳上升的酒精。卡他温度计全长约 200 mm，按卡他温度计的适用范围，可分为普通卡他温度计、高温卡他温度计及镀银卡他温度计。普通卡他温度计的两个温度分别为 38℃和 35℃，其上刻有 38℃（或 100℉）及 35℃（或 95℉），平均值为 36.5℃，为人体正常温度，适合 30℃以下环境中使用；高温卡他温度计的两个温度分别为 54.5℃和 51.5℃，适合 50℃以下环境中使用；镀银卡他温度计是在高温卡他温度计球部表面镀了一层银，防止辐射热作用，可在 50℃以上环境中使用。

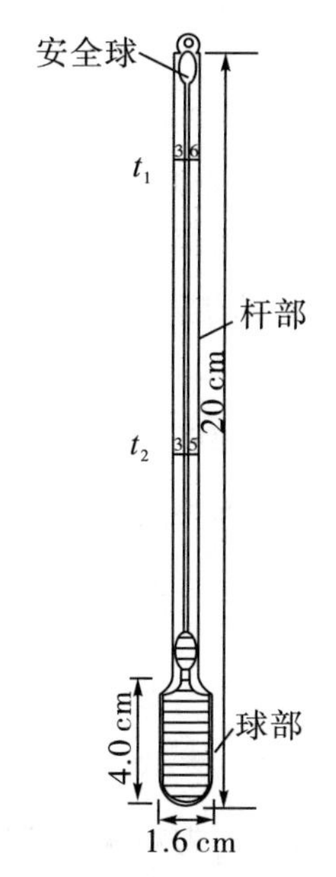

图 1－12　卡他温度计结构

每支卡他温度计具有不同的卡他常数 F（由实验方法确定，该值刻在杆部的背面），它是储液器由温度 38℃降至 35℃时每平方厘米表面所散失的热量。

1.3.3.2　卡他度测定

测定卡他度时，将卡他温度计先放入 60℃～80℃的热水中，使酒精受热膨胀上升，处于仪器上部空间的 1/3～1/2 处（禁止充满，以防储液球爆裂），取出抹干，然后挂在测定地点的风流中，此时酒精面开始冷却下降，记录由 38℃降至 35℃所需时间，所测地点的卡他度由下式计算：

$$H_{干}=\frac{F}{t_{干}} \tag{1-21}$$

式中　$H_{干}$——干卡他度（储液器单位面积每秒散失的热量），毫卡；

F——卡他常数，每个仪器都有不同的卡他常数；

$t_{干}$——干卡他温度计由 38℃降至 35℃所需时间，s。

干卡他度只能测出空气以对流、辐射形式散热的效果。如果要测出对流、辐射及蒸发三者的综合散热效果，则要用湿卡他温度计。

湿卡他温度计与干卡他温度计的结构相同，区别在于湿卡他温度计的储液球上包有湿纱布，测定方法与前述相同，卡他度的计算式为

$$H_{湿}=\frac{F}{t_{湿}} \tag{1-22}$$

式中 $H_{湿}$——湿卡他度，毫卡；

F——卡他常数；

$t_{湿}$——湿卡他温度计由 38℃降至 35℃所需时间，s。

由于蒸发作用，卡他温度计由 38℃降至 35℃时所需时间 $t_{湿}$ 必然小于 $t_{干}$，因而 $H_{湿}$ 一定大于 $H_{干}$。卡他度的值越大，表示待测地点的散热条件越好，散热过多，人体会感到凉爽；散热过少，人体会感到闷热。因此，不同的劳动状况要求有不同的卡他度，合适的卡他度可参考表 1−4。

表 1−4　不同的劳动状况要求的卡他度

劳动状况	轻微劳动	中等劳动	繁重劳动
干卡他度（$H_{干}$）	>6	>8	>10
湿卡他度（$H_{湿}$）	>18	>25	>30

卡他温度计是用来测定空气冷却力，间接评价热放散的一种仪器。用一般风速计测不出来的微弱风速（0.2 m/s）可用卡他温度计测量。

1.4　风流速度测量

为了检查全矿总风量和各工作场所的进风量是否满足需要、各巷道的实际风速是否符合规定及矿井和局部地区的漏风情况等，按照《煤矿安全规程》第一百四十条："矿井必须建立测风制度，每 10 天至少进行一次全面测风。对采掘工作面和其他用风地点，应当根据实际需要随时测风。"

风量测定是通过测定风速来实现的，测定风速有两种办法：直接法，用风速计（机械式风表、热敏电阻风速计、超声波风速仪等）按一定线路对风速进行测定；间接法，用皮托管进行动压测定，接受动压，压力计显示动压值，从而求算风速和风量。

1.4.1　点压力的关系及皮托管测定风速

1.4.1.1　点压力间相互关系及测定

空气在流动过程中，某点单位体积空气所具有的总机械能应为静压能、位能及动能三者之和。就其呈现的压力来说，静压是反映某点空气分子热运动部分的动能，动压是反映空气定向流动的动能；某点的位能在该点并不呈现压力。动压与静压之和称为全压。

风流过某一点的相对静压、动压与全压的测定及相互关系如图 1－13 所示。

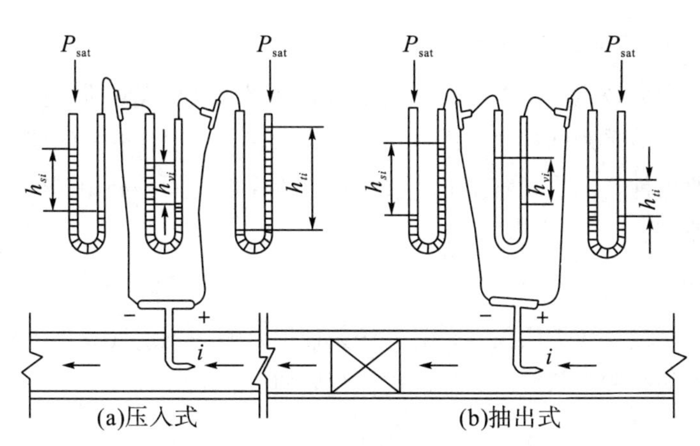

图 1－13　各种压力测定及相互关系

风流过某一点的全压和静压又有绝对与相对之分。由于绝对全压和绝对静压是以真空为基准算起的，所以无论是抽出式通风还是压入式通风，绝对全压均等于绝对静压与动压之和，即

$$P_t = P_s + P_v \tag{1-23}$$

在实际测试中，若测得测点的大气压力为 P_0，则相对压力与绝对压力之间的关系为

压入式通风：

$$P_{全} = P_0 + h_t \tag{1-24}$$

$$P_s = P_0 + h_s \tag{1-25}$$

抽出式通风：

$$P_t = P_0 - h_t \tag{1-26}$$

$$P_s = P_0 - h_s \tag{1-27}$$

所以压入式通风为

$$h_t = h_s + h_v \tag{1-28}$$

抽出式通风为

$$h_t = h_s - h_v \tag{1-29}$$

测得绝对大气压力和相对压力统一用 Pa 表示。除此之外，还应注意以下两点：

(1) 动压没有相对值的概念。无论是压入式通风还是抽出式通风，动压总是绝对全压与绝对静压之差。一般用 $h_{动}$ 表示动压，而很少用 $P_{动}$ 表示。

（2）在抽出式通风中，对某一测点的相对静压与相对全压均采用未加负号的习惯写法。

1.4.1.2 皮托管测定风速

在通风参数技术测定中，在测定小断面管路或人员无法进入测试段进行风速测定时，一般采用间接法，即皮托管测定风速法。皮托管是测定管路中风流速度的重要器件，但皮托管不能直接测量风流速度，而是利用测得风流的动压求出风流速度。

1. 皮托管

皮托管是接受压力的仪器，是与压力计配合使用测量气流总压和静压以确定风流速度的一种管状装置。标准皮托管如图 1－14 所示。

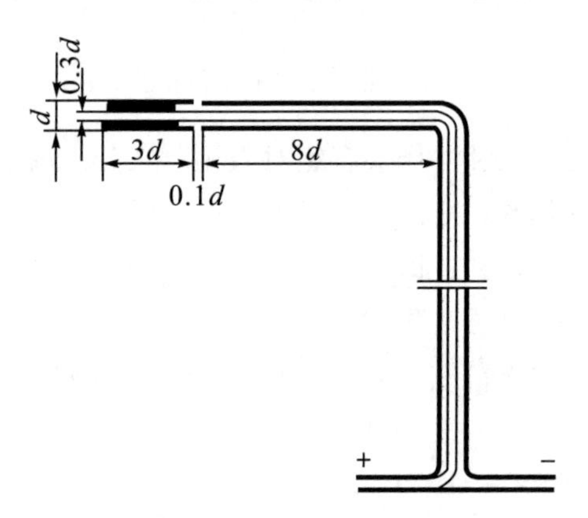

图 1－14 **标准皮托管**

皮托管的头部为半球形，后为由内、外两个同心小管组成的双层套管，内管前端的中心孔标有“＋”的脚管相通，外管前端不通，外管臂上有 4～6 个小眼，与标有“－”的脚管相通，内、外管之间不相通。

2. 测压计

测压计是显示压力的仪器。应根据需要测定的精度及目的来选择不同类型的仪器测量相对压力。同时，还要选用弹性较好的传压胶管，与测压计和皮托管组成一套完整的测压系统。

3. 平均风速测定

用皮托管测定平均风速，一般是在风速较高或无法用机械式风表时所采用的方法。如空气在管道内流动时，同一断面上各点动压均不相等，在稳定流动

中，通常中心风速最大，越靠近管道壁，由于摩擦阻力作用，风速越小。要计算某断面的风量，必须测算它的平均风速。用公式表示为

$$V_{均}=\frac{V_1+V_2+\cdots+V_n}{n} \tag{1-30}$$

式中　$V_{均}$——管道中的平均风速，m/s；

V_1，V_2，…，V_n——管道断面上各个测点的风速，m/s；

n——管道断面上的测点数。

各测点的风速 V_1，V_2，…，V_n 由下式求得：

$$V_i=\sqrt{\frac{2h_{动i}}{\rho_i}} \tag{1-31}$$

式中　$h_{动i}$——各点的动压（i=1，2，…，n），Pa；

ρ_i——各点的空气密度，kg/m^3。

若断面面积为 S_i（m^2），则可由上式算出通过该断面的风量 Q_i（m^3/s）。

4. 皮托管连接方式

皮托管与压差计的连接方式有各点分别连接（一台压差计与一支皮托管连接）和多点联合连接（一台压差计与多支皮托管连接）。各点分别连接测压精度高，易于发现皮托管或胶管发生故障，而且能测出测压断面上的速度分布，但要求使用多台压差计，且测压人员也多，资料整理时计算工作量较大。多点联合连接测压所需物品少，但其测值有一定误差。

1.4.2　机械式风表测定风速

1.4.2.1　机械式风表的结构

机械式风表又称为叶轮式风表，按叶轮形状不同，可分为叶片式（或翼式）风表和杯式风表两种类型，如图 1-15（a）、（b）所示。

叶片式风表由叶轮、传动机构、表盘及外壳组成。按测风范围不同，叶片式风表分为：微速风表（0.2～5 m/s，启动风速≤0.2 m/s）、中速风表（0.4～10 m/s，启动风速≤0.4 m/s）、高速风表（0.8～25 m/s，启动风速≤0.5 m/s）。风表的传动机构加上表盘、开关杆、回零杆等就形成了风表、机芯及计数部分。

杯式风表的叶轮通常由 4 个（或 3 个）半球形的铝杯组成，由于叶轮为杯式，能够承受较大的作用力，故适于测定高风速，测风范围为 1～30 m/s，启动风速≤0.8m/s，其他结构与叶片式风表相同。

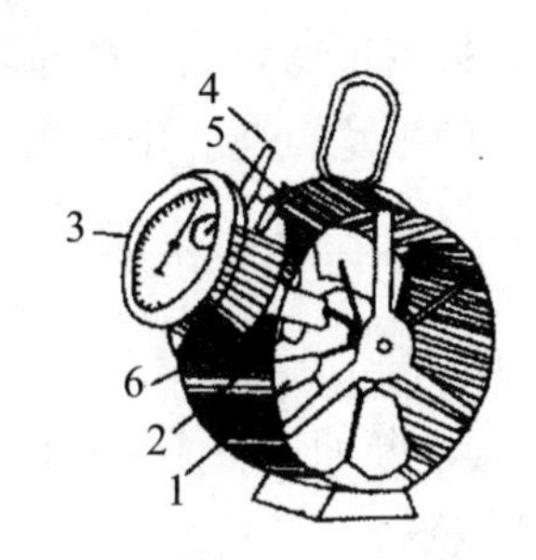

1—叶轮；2—蜗杆轴；3—表盘；4—开关杆；5—回零杆；6—外壳

(a) 叶片式风表

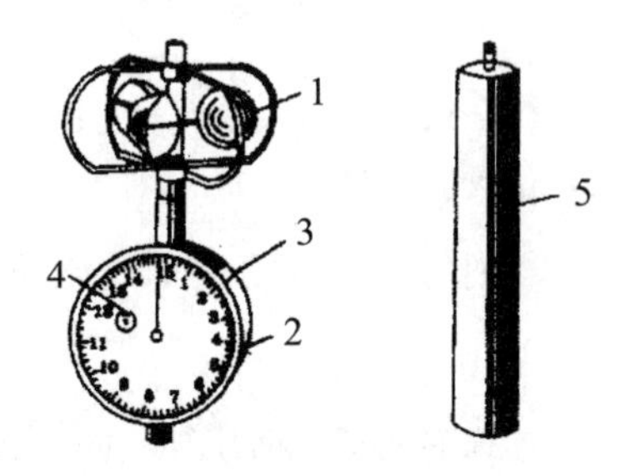

1—风杯；2—表盘；3—开关杆；4—计时指数；5—表把

(b) 杯式风表

图 1—15 风表外形图

1.4.2.2 机械式风表的测风工作原理

机械式风表的工作原理是，风流产生的压力作用于叶片，使叶轮转动，叶轮通过一套齿轮传动机械带动指针转动。由于风速与叶轮转速成正比，因此与指针的转速成正比，而且是线性关系。

$$V_{真}=a+bV_{表} \tag{1-32}$$

式中 $V_{真}$——真实风速，m/s；

$V_{表}$——机械式风表读数，或称为表速，m/s；

a、b——机械式风表校正系数。

除了机械式风表，还可使用具有电子自动定时一分钟的 MSF 风速计、CF—1 型电子翼轮式风速计和可遥测的 FC—1 型超声波漩涡风速传感器等。

1.4.2.3 测风地点的选择

有测风站的巷道测风工作应在测风站内进行。若在无测风站的地点测风，应选择巷道断面规整、支护良好、测风地点前后 10m 范围内无障碍物和拐弯分岔的地点进行，并对巷道断面进行现场实测。

在风流分支、汇合、转弯、扩大或缩小等局部阻力物前布置测点，且与局部阻力物的距离不得小于巷道宽度的 3 倍；在局部阻力物后方布置的测点不得小于巷宽的 12 倍，如图 1−16 所示。矿井需要测风的地点为采掘进、回风巷，采区进、回风巷，分区进、回风巷，单独进、回风的硐室等。

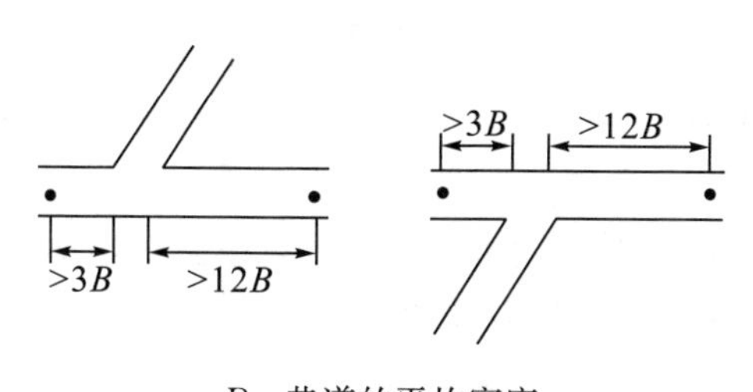

B−巷道的平均宽度

图 1−16　测点布置图

1.4.2.4　巷道中风速的分布

空气在巷道内流动时，由于与井巷壁有外摩擦，空气质点之间有内摩擦，风速在巷道断面内的分布不均匀。一般来说，巷道轴心部分的风速最大，靠近巷道周壁的风速最小，通常所说的风速是指平均风速，故用风表必须测出平均风速。为测平均风速，可采用线路法，即风表按如图 1−17 所示路线均匀移动。

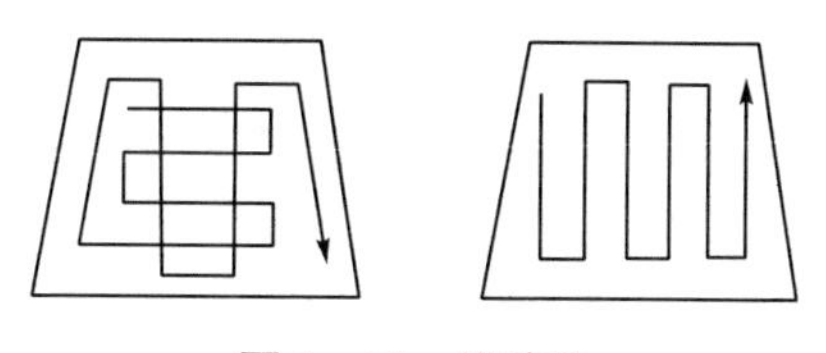

图 1−17　线路法

1.4.2.5　测风方法

1. 侧身法

测风员在测风断面内应背靠巷道壁面站立，一只手持机械式风表，将手臂向与风流垂直方向伸直，机械式风表叶片迎向风流并与风流垂直；另一只手握秒表，机械式风表与秒表同时启动，均匀移动机械式风表，1 min 或 2 min 测完。由于测风员立于巷道内，减少了通风断面，增加了风速，故应进行校正，校正系数 $K=(S-0.4)/S$，其中 0.4 为测风员阻挡风流的面积（m^2）。

2. 迎面法

测风员面向风流站立，手持机械式风表向正前方伸出，机械式风表垂直于风流均匀移动，1 min 或 2 min 测完。由于测风员立于巷道中间，降低了机械式风表处的风速，为消除测风时人体对风速的影响，需将真风速乘校正系数（$K=1.14$）。

平均风速由下式计算：

$$V=KV_{真} \tag{1-33}$$

式中　K——校正系数，采用侧身法时，$K=(S-0.4)/S$；采用迎面法时，$K=1.14$。

当风速小于 0.1 m/s 时，用机械式风表难以测出，此时可用烟雾法，即用烟雾流经的距离 L（m）除以烟雾流经的时间 t（s），可得该巷道平均风速。

$$V=\frac{KL}{t} \tag{1-34}$$

式中　K——为校正系数，取 0.8～0.9。

1.4.2.6　机械式风表测风时的注意事项

（1）防止机械式风表倒转出现读数误差。

（2）机械式风表距人不能太近。

（3）机械式风表均匀移动，以免测值偏大或偏小。

（4）同一断面测风次数不少于 3 次，误差应不超过 5%。

第2章　矿井通风阻力

空气能在矿井巷道中流动，是由于风流的始、末点间存在能量差，称为通风压力，通风压力用以克服矿井的通风阻力，促使空气流动，即风流必须具有一定能量用以克服井巷对风流呈现的通风阻力。通风压力与通风阻力是同时产生、互相依存、大小相等、方向相反的。矿井通风阻力通常分为摩擦阻力与局部阻力两大类，一般情况下，摩擦阻力是矿井通风总阻力的主要组成部分。所以要评价一个通风系统，除对通风机装置的性能进行测试外，还必须对全矿井通风阻力进行系统测试。《煤矿安全规程》第一百五十六条规定："新井投产前必须进行1次矿井通风阻力测定，以后每3年至少测定1次。生产矿井转入新水平生产、改变一翼或者全矿井通风系统后，必须重新进行矿井通风阻力测定。"

2.1　矿井通风阻力测试

2.1.1　矿井通风阻力测试目的

全矿井通风阻力测试是矿井通风技术管理工作的主要内容之一，通过全矿井通风阻力测试可以达到以下目的：

（1）了解通风系统中阻力分布情况，发现通风阻力较大的区段和地点，以便经济合理地改善通风。

（2）提供实际的井巷通风阻力系数和风阻值，使通风设计与计算更切合实际，使风量调节有可靠的技术依据。

（3）为拟定发生事故时的风流控制方法提供必要的基础参数。

（4）为矿井通风自动化及矿井通风系统优化提供原始数据等。

2.1.2 矿井通风阻力测试方法

2.1.2.1 倾斜压差计测试法

用倾斜式U型压差计在图2−1中的倾斜巷道中进行测试，需在①、②测点各安置一根静压管，大致位于巷道中心。尖部迎风，管轴和风向平行。在末点②后至少10 m处（或在始点①前至少20 m处）安稳U型压差计，使其U型玻璃管的倾角为β，管内两酒精面相齐。用长、短两根内径为3～4 mm的胶皮管将两根静压管分别与压差计U型玻璃管的两个开口连接，U型玻璃管内酒精面出现一段倾斜距离，即为压差计的读数h'_r（倾斜的毫米酒精柱），为了提高测量精度，读取h'_r三次。同时，用风表在①、②测点分别量取三次表速，用湿度计分别测取风流的干、湿温度，用气压计分别在两测点测出风流的绝对静压，将以上测得的基本数据与两测点的净断面积、周长、两测点间的距离，连同巷道名称、形状、支护方式等填入阻力测定记录表中。

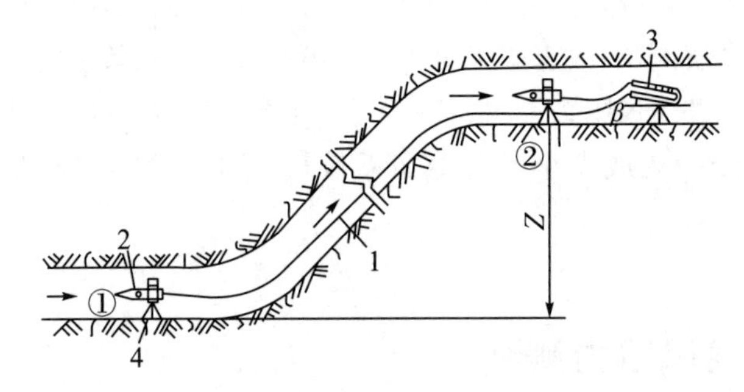

1−胶皮管；2−静压管；3−倾斜式U型压差计；4−三脚架

图2−1 倾斜压差计测试法布置图

从图2−1中可见，倾斜式U型压差计左边酒精面所承受的压力，是从静压管四个小眼传到胶皮管的①断面绝对静压与胶皮管内空气柱产生的重力压强之差，即

$$P_{s1}-Z\rho_{1-2}g \tag{2-1}$$

式中 Z——始、末两断面的标高差，m；

ρ_{1-2}——胶皮管内空气的平均密度，kg/m³。

U型玻璃管右边酒精面所承受的压力是②断面的绝对静压P_{s2}，故把两边酒精面的倾斜距离h'_r换算为垂直距离，则为两边酒精面所承受的压力之差，即

$$9.8h'_r\cdot\sin\beta\cdot\delta\cdot c=P_{s1}-Z\rho_{1-2}g-P_{s2} \tag{2-2}$$

式中　δ——酒精的比重，取 0.79～0.81；

c——压差计的精度校正系数；

P_{s1}、P_{s2}——①、②测点的绝对静压，Pa；

h'_r——倾斜式 U 型压差计读数，mm。

根据能量变化方程，可知两断面间的通风阻力为

$$h_{r1-2}=P_{s1}+\frac{1}{2}\rho_1 V_1^2-\left(P_{s2}+Z\rho_{1-2}g+\frac{1}{2}\rho_2 V_2^2\right) \tag{2-3}$$

式中　V_1、V_2——始、末两断面的平均风速，m/s；

ρ_{1-2}——两断面间巷道内的空气密度平均值，即 $(\rho_1+\rho_2)/2$，kg/m³。

若预先用打气筒向胶皮管内打气，使巷道内的空气进入胶皮管，则胶皮管内和巷道内空气柱产生的重力压强也相等。

两断面间通风阻力的测算式为

$$h_{r1-2}=9.8h'_r\cdot\sin\beta\cdot\delta\cdot c+\frac{1}{2}(\rho_1 V_1^2-\rho_2 V_2^2) \tag{2-4}$$

利用式（2－4）计算出①、②断面的通风阻力后，再用实测风量和其他巷道特征参数，可计算出①、②断面的摩擦风阻 R 和阻力系数 α。

由于在巷道中分风、合风或拐弯处的风流比较紊乱，一般需把静压管（皮托管）安置在风流紊乱之前的位置上。例如，在图 2－2 中的 A—B 段，一般要把静压管安置在 A 点、B 点前 3～5 m 的 1 点、2 点上。巷道中的局部阻力一般很小，很难单独测准，选定测量段时，不必把摩擦风阻和局部风阻的测量段分开。1—2 段的总风阻包括 A 处的局部风阻。另外，在倾斜巷道内不宜安设测点，始、末两测点都要安置在上、下水平巷道内。

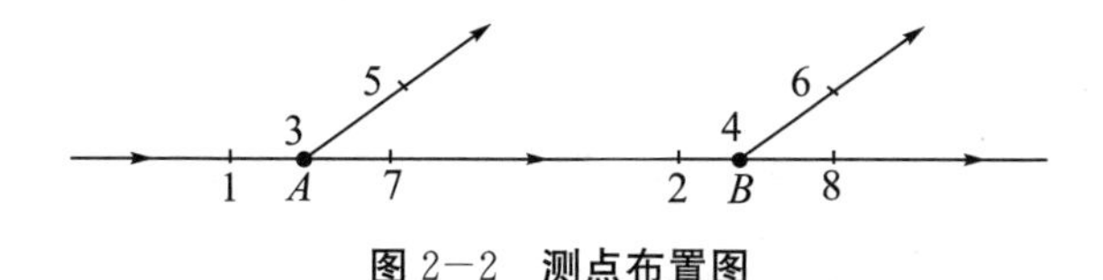

图 2－2　测点布置图

测定时的注意事项如下：

（1）测定过程中，要注意保护胶皮管，防止进水和车辆挤压。

（2）仪器和胶皮管的所有接头严密，防止漏气，以免影响测试精度。

（3）携带压差计行走时要小心，防止损坏或使仪器内产生气泡。

倾斜压差计测试法比较精确，数据整理比较简单，但收放胶皮管的工作量较大，比较费时，故宜采用这种方法测量巷道的风阻和摩擦阻力系数。但对于回采工作面、井筒、整个采区或行人困难的倾斜巷道，倾斜压差计测试法就很难适用。

2.1.2.2 气压计测试法

近年来，随着通风测量仪表的发展和完善，矿井通风阻力测试方法已由过去的倾斜压差计测试法逐步向气压计测试法转变。气压计测试法可分为以下两种方法。

1. 基点法（也称逐点测量法）

将两台同型号的气压计带至地面井口附近或井底车场，同时读取压力值，然后一台留在原地，每隔一段时间（5～10 min）读取压力值；另一台沿测点逐点记录测压时间，并读取压力值。两点间的通风阻力值可用下式计算：

$$h_{r1-2}=K_1(P_1-P_2)-K_2(P_{01}-P_{02})\left(\rho_1\frac{V_1^2}{2}-\rho_2\frac{V_2^2}{2}\right)+\rho_{1-2}g(Z_1-Z_2) \tag{2-5}$$

式中 P_1、P_2——分井下气压计在始、末测点的压力值，Pa；

P_{01}、P_{02}——读取 P_1、P_2 压力值时，基点校正气压计的相应读取值，Pa；

K_1、K_2——井下测量用气压计与基点校正气压计的仪器校正系数；

V_1、V_2——始、末测点的风速，m/s；

ρ_1、ρ_2——始、末测点的空气密度，kg/m^3；

Z_1、Z_2——始、末测点的标高，m；

ρ_{1-2}——始、末测点的空气平均密度，kg/m^3。

2. 同步法（也称双测点同时测定法）

将两台同型号的气压计分别安设在测试风流段的始、末测点，约定时间同时读取压力值，利用下式计算两点间的阻力：

$$h_{r1-2}=K_1P_1-K_2P_2+\rho_1\cdot\frac{{V_1}^2}{2}-\rho_2\cdot\frac{{V_2}^2}{2}+(Z_1-Z_2)\rho_{1-2}g \tag{2-6}$$

式中 K_1、K_2——两台仪器的校正系数；

P_1、P_2——始、末测点同时读取的压力值，Pa。

由于同步法要求两台气压计分别在两处同时读取压力值，则其相互之间的及时联络和配合至关重要。因此，存在相互牵制、速度慢、延长测试时间等缺点，但其测量精度较基点法高。

无论是基点法还是同步法，均应将气压计设在巷道交叉点，其优点在于交叉点标高准确。但是，必须对测点周围所有巷道都进行风速测量，以计算各巷道的风量。

2.1.3　矿井通风阻力测试的准备工作

2.1.3.1　图纸资料的准备

实测之前需要收集矿井开拓开采工程平面图、通风系统图、采区布置图、地质测量标高图等，然后根据有关图纸绘成通风网络图。通风网络图应能成为实际测试和上机解算的主要依据，其节点的合并与取舍都要认真考虑，测点的编号应与原图一致，通风网络图中的所有节点既能在通风系统图上找到，又能在井下准确定位。

2.1.3.2　选择测试路线和确定测点

所选测试路线既要能控制全矿网络，又要便于了解各类巷道的阻力分布状况。所选测点必须是反映通风网络图实际状况的标志点，要避免出现过短巷道，以防产生较大误差，故对井底车场、并联和角联复杂而阻力不大的路线尽量简化成一点。在采用气压计测试法时，各测点必须有准确的标高。确定测点后，除图上标明外，井下的相应地点也要做出标记和编号。

2.1.3.3　仪器设备的准备

实测之前，所有仪器设备都要进行检修校正，保证完好可用，并确定校正系数。

2.1.3.4　记录表格准备

矿井通风阻力测试的数据量很大，必须事先设计好一套完整的表格，以备填写。

2.1.3.5　人员组织与分工

为了便于分工协作、提高工作效率，可把测量人员分为气象组、井下测压组、测风组、测断面及巷道长度组、记录组等，并从中指定指挥 1 人。所有参加测量的人员均应进行培训，讲明测量的目的、要求、方法、仪表的使用、人员分工及实测中应注意的问题。最好安排适当的时间熟悉仪表，必要时可组织模拟测量。

2.1.4　矿井通风阻力测试的影响因素

在矿井通风阻力测试工作中，影响其准确性的因素较多。

2.1.4.1　巷道断面的测定

通风测量工作中，风量的误差主要来源于巷道断面的测量误差，尤其是不规则的锚喷或裸体巷道，用常规的几何尺寸测量法很难取得准确的断面数据，故近年来多采用摄影法测量断面。

2.1.4.2 测点标高的确定

利用气压计测量法进行通风测量，必须准确地在图纸及井巷内确定测点标高，对于一般矿井尚可做到，但对于年久并经多次翻修的巷道，则很难达到目的。为此，可采用消除标高的倾斜压差计测量法进行测定。

2.1.4.3 地面气压对测点的影响

在阻力测量期间，地面气压经常发生变化，它将对井下测点的气压产生影响。故利用气压计测量法测量时，必须以地面气压的变化校核井下测点的压力值。一般在不太深（<500m）的矿井，可近似认为矿井空气按等温过程变化，则由于地面气压变化，井下测点气压的变化值可按下式计算：

$$\Delta P=\Delta P_0+0.0339H\cdot\frac{\Delta P_0}{T} \quad (2-7)$$

式中 ΔP——测量前、后测点时井下气压的变化值，Pa；

ΔP_0——测量前、后测点时地面气压的变化值，Pa；

H——巷道后测点至井口的深度，m；

T——矿井空气绝对温度，K。

如果矿井较深，可以认为矿井空气属多变过程，则第 n 测点的压力校正值按下式计算：

$$\Delta P_n=\frac{P_n}{P_{cb}}\cdot\Delta P_{cb} \quad (2-8)$$

式中 ΔP_n——第 n 测点的压力校正值，Pa；

P_n——第 n 测点的气压计读数，Pa；

P_{cb}——地面气压计读数，Pa；

ΔP_{cb}——地面气压计的读数变化值，Pa。

为了避免地面气压变化对井下测点气压产生较大影响，可将地面的监视气压计放在井下，尽量与待测点在同一水平面内。另外，尽量安排在晴朗的白天进行测定，缩短两测点之间的测量时间差。

2.1.5　矿井通风阻力测试的数据处理

2.1.5.1　参量计算

当井下实测工作结束后，必须将井下实测记录认真、仔细地进行整理、计算。

1. 空气密度（kg/m^3）

$$\rho = 0.003484\frac{P}{T}\left(1-\frac{0.378\varphi P_s}{P}\right) \tag{2-9}$$

2. 风量（m^3/s）

$$Q = SV \tag{2-10}$$

标准状况（$\rho=1.2\ kg/m^3$）时的风量为

$$Q_0 = \frac{\rho Q}{1.2} \tag{2-11}$$

式中　ρ——测风处的空气密度，kg/m^3；

Q——测风处的风量，m^3/s。

3. 通风阻力

根据不同的测量方法采用不同的计算式。

4. 巷道风阻［$(N \cdot S^2)/m^8$］

$$R_r = \frac{h_r}{Q^2} = \alpha L \cdot \frac{U}{S^3} \tag{2-12}$$

式中　R_r——井巷的摩擦风阻，反映井巷的特征，只受 L、U、S 和 α 的影响。

5. 巷道百米风阻

$$R_{r100} = R_r \cdot \frac{100}{L} \tag{2-13}$$

式中　L——所测巷道长度，m；

R_r——所测巷道的风阻，$(N \cdot S^2)/m^8$。

6. 摩擦阻力系数［$(N \cdot s^2)/m^4$］

$$\alpha = R_r \cdot \frac{S^3}{L} \cdot U \tag{2-14}$$

2.1.5.2　矿井通风阻力测试的精度检验

由于仪表精度、测定技巧和各种因素的影响，测定时总会产生各种误差，如果这些误差在允许范围内，那测定结果是可用的。为此，在测定资料汇总计算后，应对全系统或个别地段测定结果进行检查校验。

1. 风量校验

根据流体连续性特点，在空气密度不变的条件下，流进汇点或闭合风路的风量应等于流出汇点或闭合风路的风量。则在重要的风流汇合点检验流入和流出汇点的风量，其误差不应超过风表的允许误差值。对于误差过大和明显错误的地段，应该分析、查明原因，必要时进行局部或全部重测。

2. 阻力检验

(1) 主干测线的阻力检验。

如图 2-3 所示，当测定了从矿井进风井口至回风井口的若干条主干测线时，其精度检验公式为

$$\frac{h_{fs}-\sum h_r}{h_{fs}}\times 100\% < 5\% \tag{2-15}$$

而

$$h_{fs}=h_s-\frac{\rho_c V_c^2}{2}+h_e \tag{2-16}$$

式中 h_{fs}——主扇静风压，Pa；

h_s——主扇风硐处测点的静压，Pa；

h_e——矿井自然风压，Pa；

$\sum h_r$——主干测线各支路风压之和，Pa；

V_c——主扇风硐处测点断面的平均风速，m/s；

ρ_c——主扇风硐处测点断面的空气密度，kg/m^3。

(2) 阻力路线自闭合检验法。

如图 2-4 所示，从进风井口 1 至回风井 A 或 B，分别寻找一条总阻力最大和最小的有向阻力路线，再按下式检验误差：

$$\frac{h_{r\max}-h_{r\min}}{h_{r\min}}\times 100\% < \varphi \tag{2-17}$$

式中 $h_{r\max}$——最大阻力路线各分支阻力之和，Pa；

$h_{r\min}$——最小阻力路线各分支阻力之和，Pa；

φ——精度限值，%。

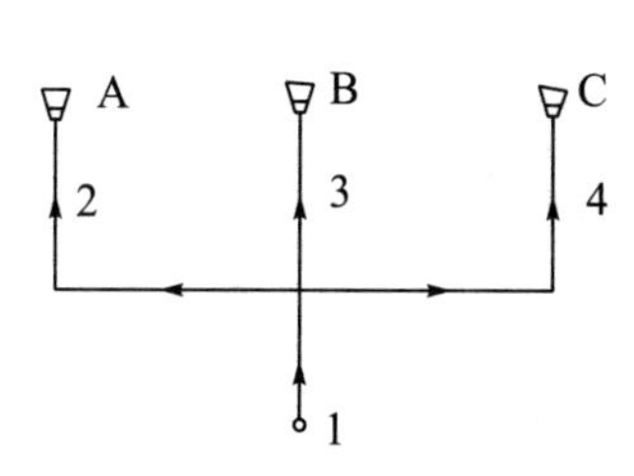

图 2—3　全矿井主干巷道示意图

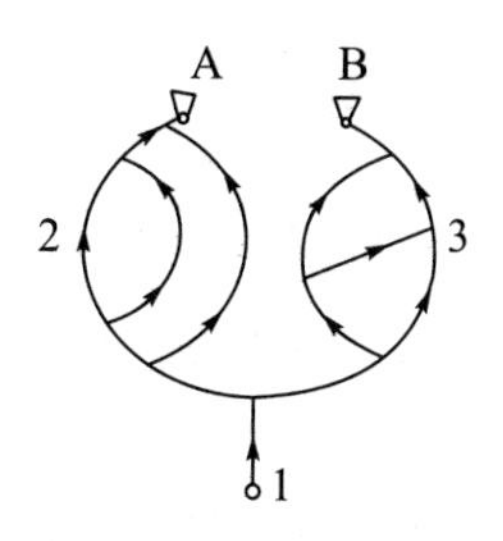

图 2—4　通风网络图

当采用气压计测试法时，$\varphi=5\%\sim7\%$；当采用倾斜压差计测试法时，精度限值与主扇风压的关系见表 2—1。

表 2—1　精度限值表

主扇风压（Pa）	φ（%）
<500	<20
500～2000	<15
2000～3000	<10
>3000	<5

若计算后的误差符合精度限值，则阻力测定工作符合要求。否则需全部或局部重新测量。

2.1.6　矿井通风总阻力的测算

以如图 2—5 所示抽出式通风系统为例，风流自静止的地表大气（绝对静压为 P_0，动压为 0），开始经过进风口 1 到主扇进风口 2，沿途所遇到的摩擦阻力和局部阻力之和为矿井通风总阻力 h_r（Pa）。据能量方程知

$$h_r=(P_0-P_{s2})+(0-h_{v2})+(\rho_1-\rho_2)Zg \tag{2-18}$$

式中　ρ_1、ρ_2——进、出口风井内空气密度平均值。

Z——空气标的高程，m；

g——重力加速度，取 9.8 m/s^2。

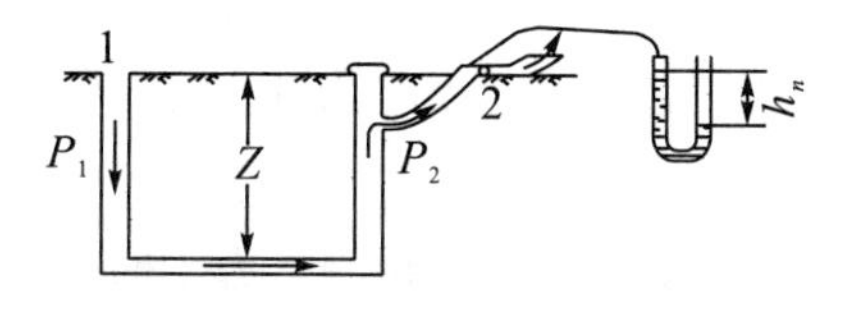

图 2—5　抽出式通风系统

因为 $h_{s2}=P_0-P_{s2}$，故

$$h_r=h_{s2}-h_{v2}+h_n \tag{2-19}$$

式中 h_n——位压，也是该系统的自然风压，Pa。

对于压入式通风的矿井，矿井总阻力为

$$h_r=h_{s2}+h_{v2}+h_n \tag{2-20}$$

式中 h_{s2}、h_{v2}——风硐处的静压与动压。

2.2 矿井通风动力装置性能测试

矿井主要通风机是煤矿大型固定设备之一，它担负着向井下输送新鲜空气、确保矿井安全生产的重任，因此，必须保证其长期、安全、经济地连续运转。《煤矿安全规程》第一百五十八条明确规定："新安装的主要通风机投入使用前，必须进行试运转和通风性能测定，以后每 5 年至少进行 1 次性能测定。"定期对矿井通风动力装置性能进行测试，是为了了解其工作性能和状况，主要任务是测定通风机在不同工况时的风量 Q、风压 H 和功率 N 等参数，并通过计算机整理、绘制标准大气压状态（ρ=1.2 kg/m^3）下的风压－风量（$H-Q$）曲线、功率－风量（$N-Q$）曲线、效率－风量（$\eta-Q$）曲线。

矿井通风动力装置性能测试分为工厂试验（包括生产样机抽查和模型试验）和实际运行条件下的试验。主要通风机出厂时所附个体特性曲线或类型特性曲线都是根据模型试验获得的，而实际运行的主要通风机都装有扩散器（有的还装有消音器），加之安装质量和运转时的磨损等原因，主要通风机的实际运行性能往往与厂家提供的性能曲线不符。因此，对实际运行中的主要通风机进行性能测试，在合理使用主要通风机及节能方面都具有很重要的意义。

2.2.1 测试前的准备工作

矿井通风动力装置性能测试是一项比较复杂的工作，要有计划、有步骤地进行。一般分为测试前的准备、测定、资料整理与分析三个步骤。测试前的准备工作是整个测试能否顺利进行和达到预期目的的关键，主要包括以下几个方面：

（1）制定测试方案与安全措施。制定测试方案时，应对回风井、风硐、通风机等周围环境进行系统而周密的调查，然后根据具体情况选择测试风量和风

压的地点及相应测量方法，决定工况调节地点和调节方法，选取电气参数和大气物理参数的测试方法等，并制定相应的安全措施。

（2）建立测试组织、配备工作人员及明确任务。主要通风机性能测试工作要由矿井总工程师（或由矿井机电副总工程师和安全副总工程师共同负责）组织通风、机电、救护等部门成立通风机性能测试指挥组，并选定 1 人为总负责人。同时下设工况调节组、测风组、测压组、电气测量组、通信联络组、安全组和速算组等。每组人数由工作任务而定，并规定各种人员的职责。

（3）准备仪表、工具和记录表格。主要通风机性能测试所用仪表都必须经过校正，并对测量人员进行培训，保证其都能正确地使用。

（4）登记主要通风机和电动机的铭牌技术指标数据，并测量通风机有关结构尺寸。

（5）测量测风、测压和安装调节工况地点的风道断面尺寸。

（6）在测压和工况调节地点分别安设测压管、胶皮管和调节工况的框架，并准备足够的用于调节工况的材料（如木板、风筒布等）。

（7）在通风机的供电电路上接入电工仪表，并安装通信联络装置。

（8）检查通风机、电动机各部位是否完整牢固。

（9）采取措施堵塞地面漏风，清除风硐内的碎石等杂物和积水。

2.2.2　工况调节方法

工况也称为工况点，是通风机在某个特定转速和工作风阻条件下的工作参数，如 Q、H 和 η 等，若无特殊说明，工况一般指 Q 和 H 两个参数。调节工况的目的是通过调整风网特性来改变主要通风机的工作风量和风压，以确定主要通风机在某一工作状态（电机转速、叶片角度）下工作风量与风压的关系，摸清主要通风机能力空间，以便根据其运行特性更好地规划主要通风机的通风能力与矿井按需供风的统一，使主要通风机安全、稳定、经济、高效地运行。

在工况调节时，通常采用增阻法或减阻法。对于轴流式，主要通风机常采用增阻法；对于离心式，主要通风机则多采用减阻法。工况调节方法多采用风门法或板阻法。

2.2.2.1　风门法

风门法是利用改变风门或调节闸门的开度来改变阻力。风门起吊示意图如图 2-6 所示。

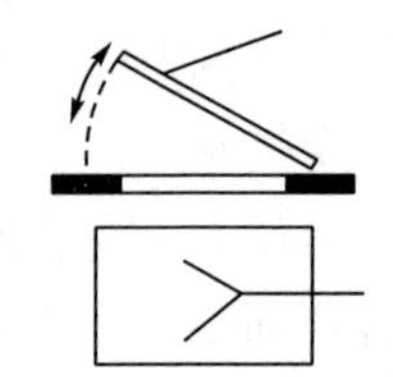

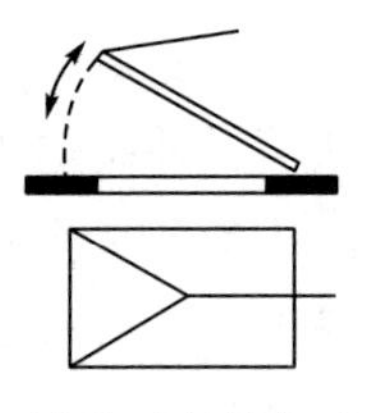

（a）原有起吊方式　（b）试验时起吊方式

图 2-6　风门起吊示意图

风门法进行工况调节必须注意以下三点：

（1）为了使测试时风流稳定，应设法减轻风门受风流冲击时形成的脉动。

（2）调节风门要平稳均匀。

（3）保证起吊钢丝绳的强度，防止测试时受气流冲击造成事故。

2.2.2.2　板阻法

当用风门法调节风流阻力受到现场条件限制而不能实现时，可在进风口或进风风硐某断面用木板调节阻力，即板阻法。采用板阻法应注意以下两点：

（1）为了保证测试安全，可在板阻法进风调节断面中间预埋两条钢梁，以避免木板受压后折断。

（2）为了使测试时风流平稳，在大风量区应间隔取板或堵板，如图 2-7(a) 所示；在小风量区应先堵内侧，后堵外侧，如图 2-7(b) 所示。

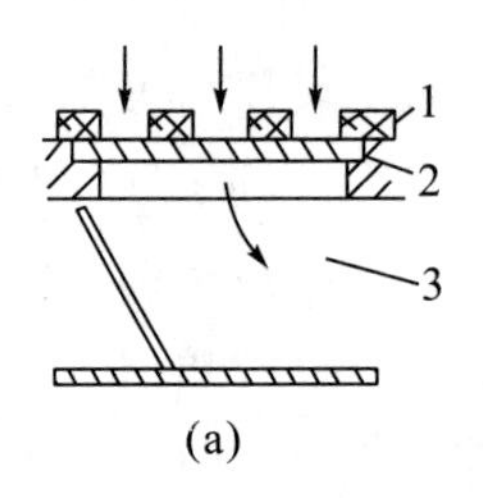

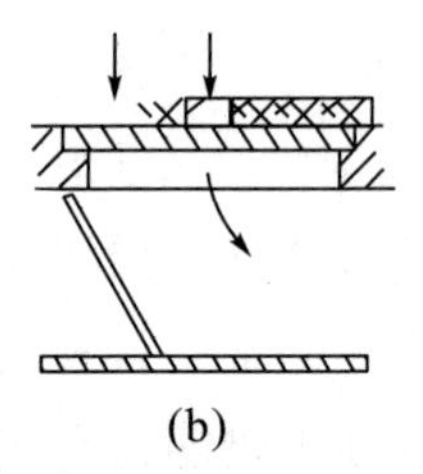

(a)　(b)

1—木板；2—预埋钢梁；3—风硐

图 2-7　板阻法示意图

工况调节方法多种多样，因地而异。根据轴流式通风机和离心式通风机功率曲线的不同特点，调节工况时，轴流式通风机应由小风阻逐步增加到大风阻，离心式通风机则相反。

在通风机性能测试中，调节的次数应能保证测得连续完整的特性曲线，一般应为 8～10 个工况点，曲线驼峰附近工况点要加密。

2.2.3　测点位置的选择

选择测点位置有以下三个条件：

（1）使测点尽可能靠近通风机进（出）口，这样可以排除漏损，减少阻力损失，使测值更好地反映通风机工作的实际情况。

（2）测点处风流平稳，这样读数准确，可提高测量精度。

（3）便于安装测量仪表。

2.2.4　测试布置方式

矿井通风动力装置性能测试布置的形式多种多样，随着通风机的类型、台数及其外形尺寸、回风井筒的型式和周围地形环境等的不同而变化。根据现场具体条件，可供参考的布置方式有以下几种（以轴流式通风机做抽出式通风为例）。

1. 停产条件下通风机性能测试的布置方式

如图 2−8 所示，该布置形式在测试时，需打开井口防爆门 a 作为主要进风口，在风硐和风井交接处安设栏杆 b，距 b 约 2 m 处布置调节风量（即调节通风机工况点）的装置 c，距 c 约 $2D$（风硐的宽度或高度）处安置整流栅 d（由长 1 m 的木板隔成 $0.1\times0.1\ m^2$ 的方格），并在弯道内安置导向板 e，利用风表在 1—1 断面上测出平均风速，以便计算风量和风速，在 2—2 断面测出通风机进风口的静压，以便计算通风机设备装置的压力。

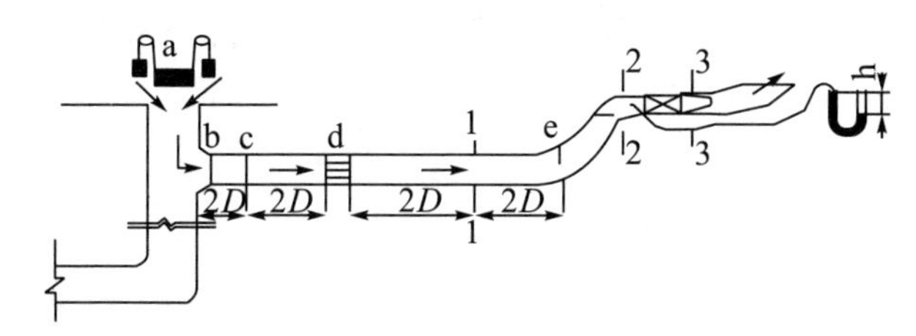

a−防爆门；b−栏杆；c−调节装置；d−整流栅；e−导向板；
1—1−测风断面；2—2−测压断面；3—3−环形扩散器测风断面

图 2−8　通风机性能测试的布置

2. 不停产条件下备用通风机性能测试的布置方式

在不停产条件下，一般是对备用通风机进行测试。根据备用通风机直接抽取地面短路风的情况，又可分为以下两种形式：

（1）直接利用反风闸门进风。

如图 2－9 所示，从通风机房反风风流入口的百叶窗 1 进风，经过反风闸门 6 急转进入风机，然后由扩散器排出。在 $A—A$ 断面处测试通风机进口的静压，利用皮托管在 $B—B$ 断面测试动压，以便计算风量，在 $C—C$、$D—D$ 断面测试风量。

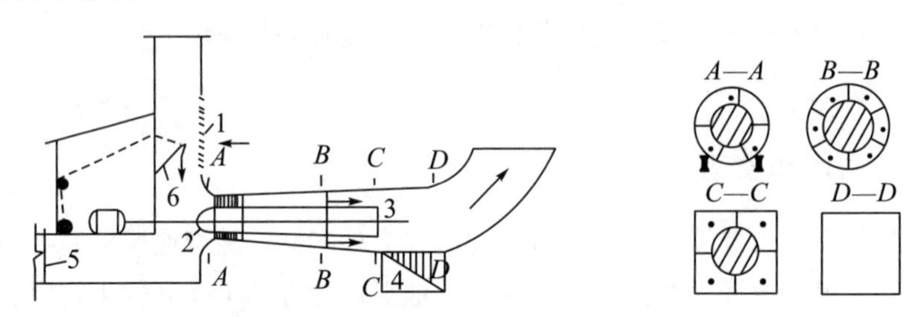

1－百叶窗；2－集流器；3－扩散器芯筒；4－反风道；5－闸门；6－反风闸门

图 2－9　直接利用反风闸门进风的通风机性测试布置方式

这种方法克服了需停产测定的缺点，可以保证矿井在正常生产状况下进行测试，但由于进入风机前的风流紊乱，故可靠性和精度都稍差。

（2）刷大检修门短路进风。

虽然在（1）的布置形式中解决了矿井在不停产条件下对通风机性能进行技术测试的问题，但有些矿井由于设计时未考虑后续通风机性能测试问题，往往两台主要通风机（运行和备用通风机）共用一个反风进风口，使备用通风机不成独立的进风和回风系统，从而无法对备用通风机进行性能测试。为了在不停产条件下对备用通风机性能进行测试，可利用备用通风机的检修门作为主要进风口。但检修门往往做得很小，目的是在风机运行时尽量减少漏风，因此，就必须对其进行刷大。

如图 2－10 所示。在测试时将检修门 1 刷大到 4 m^2 以上，风流自大气经刷大后的检修门 1 短路进入通风机，经通风机后由扩散器排出。图中，$A—A$ 断面测试相对静压；$B—B$ 断面利用皮托管测试动压，以便计算风量；$C—C$ 断面利用风表测试风量。

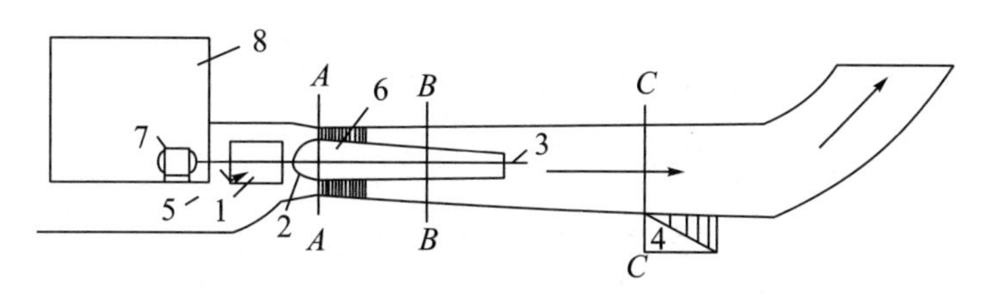

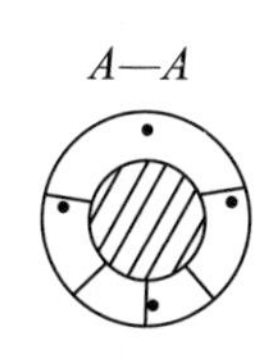

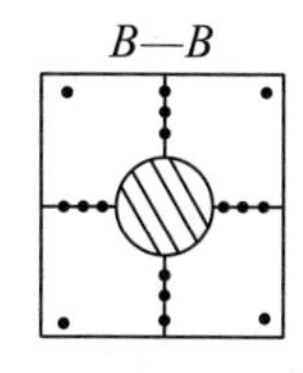

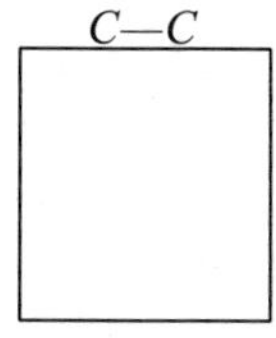

1—刷大后检修门；2—集流器；3—扩散器芯筒；4—反风道；
5—闸门；6—风机；7—电机；8—风机房

图 2—10　刷大检修门短路进风的通风机性测试布置方式

这种方法也有可靠性稍差的缺点，但能在不停产情况下对两台通风机共用一个反风进风口时的备用通风机进行测试，故具有较大的实用价值。

3. 不停产条件下运行通风机性能测试的布置方式

对生产矿井的通风机性能测试应注重实用。也就是说，测绘的反映通风机特性的个体特性曲线应能指导生产，服务于生产。对于附带井下网路运行的主要通风机，其实际运转工况点是风压特性曲线和网络特性曲线的交点，如图 2—11 中的 *A* 点。对现场有实际意义的风压特性曲线有效段是以最高风压的 90%为上限、效率的 60%为下限的一段曲线。如图 2—11 中的 *BC* 段即为有效段，也称为工业利用段。因此，只有测绘出 *BC* 段特性曲线才能满足生产需要。具体做法如下：

测试第一个工况时，把防爆门和人行道风门全打开，使风量达到最大。关闭防爆门后测试第二个工况。关闭人行道风门后再测试第三个工况，此时，通风机实际上是负担井下系统正常运行。从第四个工况开始及之后的各个工况均采用板阻法调节。布置方式如图 2—12 所示。工况调节布置在风硐内，图 2—12 中的Ⅰ—Ⅰ断面、Ⅱ—Ⅱ断面为测静压断面。

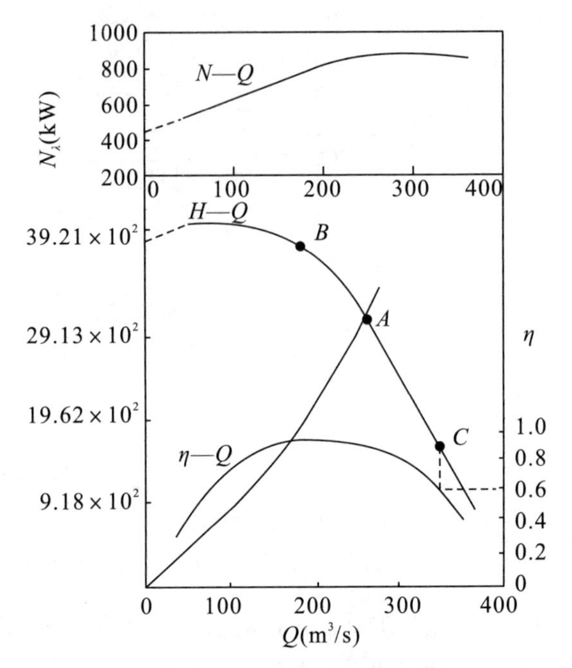

图 2-11 风机特性曲线图

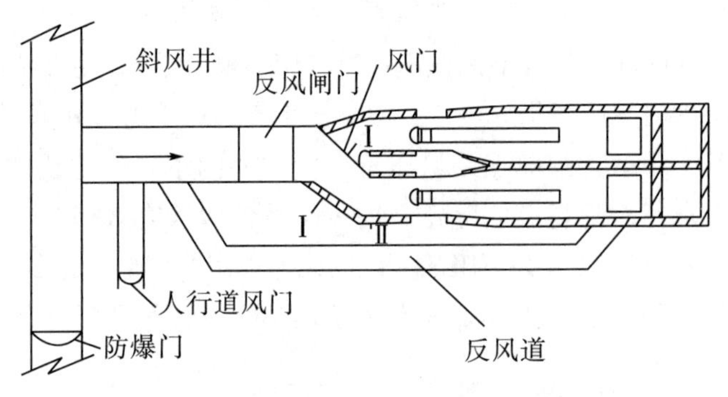

Ⅰ—Ⅰ—板阻法调节点；Ⅱ—Ⅱ—测静压断面

图 2-12 通风机性能测试布置图

如图 2-12 所示布置方式与刷大检修门短路进风的通风机性能测试布置方式相比，优点是测试前的准备工作量小，不需要做土建工程，简单易行，比较经济，其精度和可靠性都能满足要求。但是，该布置方式由于是负担井下系统工作，因此只适用于低瓦斯矿井，且在测试期间必须制定周密的安全措施，加大瓦斯监控力度。

2.2.5　参数测定

2.2.5.1　压力测定

在通风机技术测试中，需要测定主要通风机的静压或全压（抽出式通风机测静压，压入式通风机测全压）。对于抽出式通风的矿井，主要通风机的静压克服矿井通风阻力，所以一般只测试通风机的静压，通风机的静压可以通过测定主要通风机入口处风流的相对静压和该断面的平均动压计算出来。对于压入式通风的矿井，主要通风机的全压克服矿井通风阻力，通风机的全压可以通过测定通风机出口处风流的相对静压和该断面的动压计算出来。

1. 静压测定

测定主要通风机入风侧的静压，可使用皮托管和各种静压测量装置。由于静压为风流作用于管壁的法向压力，故测定静压的关键在于选择一个合适的测压断面，以保证所安装测压管的感应孔中心线和气流方向垂直。实践证明，测定断面选择不当或测压管安装不正确，使所测值中含有部分动压，造成测压计液面波动，导致读数有较大误差的情况时有发生。

为了减少测量误差，可选择在适当位置的断面上安装多孔并联，如图 2-13 所示，其中压差计指示 h_s 是 n 个测点静压的算术平均值，即

$$h_s = \frac{\sum_{i=1}^{n} h_{si}}{n} \tag{2-21}$$

式中　h_{si}——第 i 个测孔的静压，mmH_2O；

n——测孔数量。

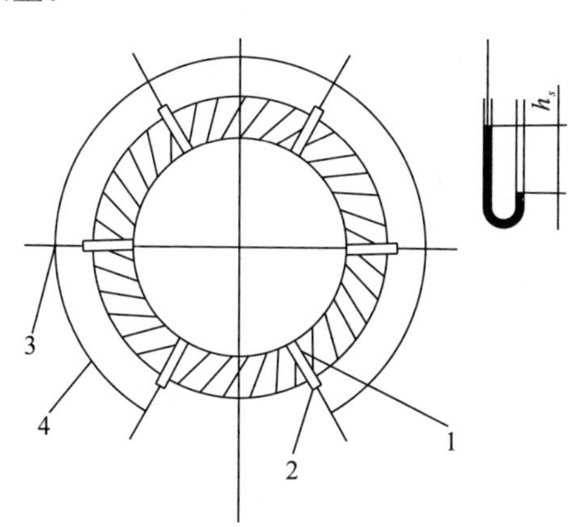

1-风硐；2-静压管；3-三通管；4-风管

图 2-13　多孔并联静压测量

2. 全压测定

测定全压要求所安装的全压测孔迎着风流，并使测孔中心线和风流方向平行，否则会造成较大误差。在风硐同一断面上，各点的风流速度不等，故各点的全压也不相等。使用测压管测定风量时，需测得某风硐断面的平均全压，即测定断面各点全压的算术平均值。一般常在该断面安装多孔全压管或多支皮托管并联测出。

3. 动压测定

风硐某点的动压 h_v 等于该点的全压 h_t 与静压 h_s 之差。测定动压时，应注意将全压管与静压管安装在与风流垂直的同一截面内，否则会增加误差。测量动压是为了兼顾测算风量。因此，必须测出测定断面的平均动压 h_v。

由于风硐断面上各点动压不等，故当采用单孔测压管测定动压时，必须在通风机测定前将测定断面分成 n 个小方格（面积一般不大于 0.5 m^2），逐个测出每个方格中心点的动压，然后算出测定断面的平均动压。测定动压时，在每个小方格中心布置皮托管，测定各点动压。可以采用各点分别测定法，即用一台压差计依次测定各点的动压或用多台压差计同时测定各点动压；也可以采用多点联合测定法，即将各皮托管的所有静压端相连、所有全压端相连后，集中用一台压差计测定平均动压。

2.2.5.2 风速测定

测定风速的目的是计算通过主要通风机的风量 $Q_{通}$ 和测压断面的动压 $h_{速}$，因此，准确地测定测点平均风速，是主要通风机性能测试的关键之一。目前，常用风表或皮托管进行风速测定，有时为了互相校核，测定时两种方法同时进行。用风表测定风速时，测风地点应选择在风流较稳定的直线段。若在主要通风机入风侧无可测风地点选择，可在风机的出风侧扩散器出口处测定风速。用皮托管测定风速时，在风机入风侧风硐中可按动压测定方法进行。而在出风侧用皮托管测定风速时，若测定断面为矩形，可采用与风硐相同的方法；若测定断面为圆形，则需按等环面积的方法布置测点。测定动压可以用多台微压计同时读取每支皮托管的示值，也可以利用 1～2 台微压计分别测定各支皮托管的压力值，最后测算出测定断面的平均动压 $h_{速}$ 和平均风速 $V_{均}$。通过主要通风机的风量可以用下式计算：

$$Q_{通}=V_{均} \cdot S_{测} \tag{2-22}$$

式中 $Q_{通}$——通过主要通风机的风量，m^3/s；

$V_{均}$——测定断面的平均风速，m/s；

$S_{测}$——测定断面面积，m^2。

2.2.5.3　通风机轴功率测定

主要通风机的轴功率（即风机的输入功率）是指主要通风机工作所需功率，它是由电动机通过传动装置传给主要通风机的。通常测定电动机的输入功率，然后乘以当时的电动机效率以及传动效率，从而得到通风机的轴功率。电动机的输入功率测定可分为两类。

（1）直接测定：利用测扭装置或扭矩计直接测定电动机轴的扭矩大小。

（2）间接测定：当不能直接测定扭矩或直接测定有困难时，可采用间接测定。例如，利用能量守恒原理通过热平衡计算出所需功率的热平衡法，以及通过电动机损耗分析并利用电工仪表测量和计算功率的电测法，均属于间接测定。

主要通风机性能测试是通过测定电动机的输入功率，来计算电动机的各种损耗及电动机的效率，从而得到电动机的输出功率。主要通风机的功率由下式计算：

$$P_{轴}=P_1 \cdot \eta_{电} \cdot \eta_{传} \tag{2-23}$$

式中　$P_{轴}$——通风机的轴功率，kW；

P_1——电动机的输入功率，kW；

$\eta_{电}$——电动机的效率；

$\eta_{传}$——传动效率，皮带传动取 0.95，直接传动取 1。

2.2.5.4　转速测定

在主要通风机性能测试中，转速不仅是主要通风机的一个重要技术参数，而且是电动机运转的一个重要技术参数。目前测定转速的方法有很多，测量仪表的型式根据原理不同相差很大，使用条件和测试精度也各不相同，按工作原理大致可分为以下两类：

（1）接触式转速测量仪表。这类仪表在测定时直接与被测转轴接触，如离心式转速表、发电式转速表、磁性转速表等。

（2）非接触式转速测量仪表。这类仪表在测定时不直接与被测转轴接触，如电子数字测速仪、闪光测速仪、红外测速仪、闪影法测转速等。

2.2.5.5　大气物理参数测定

测定的大气物理参数有气压 P、温度 t、相对湿度 φ，根据这些参数计算出空气的密度（kg/m^3）为

$$\rho=\frac{0.003484(P-0.3779\varphi P_s)}{T} \tag{2-24}$$

式中 P——空气压力，Pa；

T——空气的绝对温度，$T=273.15+t$，K；

φ——空气的相对湿度，%；

P_s——饱和水蒸气分压力，Pa。

2.2.5.6 噪声测定

使用ND15声级计测定风机房内外的电动机噪声和扩散塔的气动噪声。

2.2.6 测试数据的整理与特性曲线的绘制

通过上述实际测试工作，获得主要通风机各工况点的测试数据，首先对实测数据进行处理，然后将计算结果换算成固定转速 n 和标准大气条件下的数据，最后根据换算后的各工况点的风压、风量、功率及效率等数据绘制出受检主要通风机的运行特性曲线。

2.2.6.1 主要通风机风量测算

1. 风表测试法

$$Q'_{通}=S_{风}\cdot V \tag{2-25}$$

式中 $S_{风}$——测定断面面积，m^2；

V——测定断面的平均风速，m/s。

2. 皮托管法

$$Q'_{通}=S_{皮}\sqrt{\frac{2}{\rho}}\cdot\frac{(h_{速1}+h_{速2}+\cdots+h_{速n})}{n} \tag{2-26}$$

式中 $S_{皮}$——测定断面面积，m^2；

ρ——空气密度，kg/m^3；

n——皮托管数量；

$h_{速1}$，$h_{速2}$，…，$h_{速n}$——各皮托管所测的动压，Pa。

2.2.6.2 主要通风机的通风压力

$$H'_{通静}=H_s-H_v \tag{2-27}$$

式中 $H'_{通静}$——主要通风机的静压，Pa；

H_s——主要通风机入风侧的相对静压，Pa；

H_v——主要通风机入风侧的平均动压，Pa。

当测定断面与主要通风机入风侧静压测点处断面相差不大时，H_v 通常按测得的风量求得。

$$H'_{通全}=H_s-H_v+H_{vd} \tag{2-28}$$

式中　$H'_{通全}$——主要通风机的全压，Pa；

H_{vd}——主要通风机扩散器出口断面的平均动压，Pa。

2.2.6.3　主要通风机的轴功率或输出功率

$$P'_{轴}=P_{电入}\cdot\eta_{电}\cdot\eta_{传} \tag{2-29}$$

$$P'_{通静}=\frac{H'_{通静}\cdot Q'_{通}}{1000} \tag{2-30}$$

或

$$P'_{通全}=\frac{H'_{通全}\cdot Q'_{通}}{1000} \tag{2-31}$$

式中　$P_{电入}$——实测电动机的输入功率，kW；

$\eta_{电}$——电动机效率；

$\eta_{传}$——传动效率；

$P'_{通静}$——主要通风机的静压功率，kW；

$P'_{通全}$——主要通风机的全压功率，kW。

2.2.6.4　主要通风机的效率

$$\eta_{全}=\frac{P'_{通静}}{P_{轴}}\times100\% \tag{2-32}$$

$$\eta_{静}=\frac{P'_{通全}}{P_{轴}}\times100\% \tag{2-33}$$

式中　$\eta_{全}$——主要通风机的全压效率，%；

$\eta_{静}$——主要通风机的静压效率，%。

2.2.6.5　主要通风机转速的校正系数

$$K_n=\frac{n_0}{n_i{}'} \tag{2-34}$$

式中　$n_i{}'$——某一工况的主要通风机转速，r/min。

n_0——固定转速，r/min，一般用主要通风机铭牌的额定转速；若直接传动，取电动机的铭牌转速。

2.2.6.6　空气密度的校正系数

$$K_\rho=\frac{\rho_0}{\rho_i}=\frac{1.2}{\rho_i} \tag{2-35}$$

式中　ρ_i——某一工况的空气密度，kg/m^3。

2.2.6.7　校正后的通风机风量

$$Q_{通}=Q'_{通}\cdot K_{n} \tag{2-36}$$

2.2.6.8　校正后的通风机全压和静压

$$H_{通全}=H'_{通全}\cdot K_{\rho}\cdot K_{n}^{2} \tag{2-37}$$

$$H_{通静}=H'_{通静}\cdot K_{\rho}\cdot K_{n}^{2} \tag{2-38}$$

2.2.6.9　校正后的通风机轴功率

$$P_{轴}=P'_{轴}\cdot K_{\rho}\cdot K_{n}^{3} \tag{2-39}$$

将实测数据和校正后的数据分别填入记录表格中，根据表中校正后的数据，以 $Q_{通}$ 为横坐标，$H_{通全}$ 或 $H_{通静}$、$P_{轴}$ 及 $\eta_{全}$ 或 $\eta_{静}$ 分别为纵坐标，通过曲线拟合光滑地绘制出三条对应的通风机个体特征曲线。

第 3 章　矿井气体成分检测

矿井通风的基本任务是把地面空气不断送入井下，同时把井下的污风排到地面。空气是矿井通风的基本介质。保证井下有一定数量和质量的空气，创造一个既能保证矿井安全生产，又不危害人体的矿井气体环境，是矿井通风与安全测试技术的任务。因此，作为矿井通风工作者，必须熟悉并掌握空气的物理性质、状态参数以及各参数之间的关系。

矿井气体成分检测的目的在于掌握各种气体在矿井气体中的含量，并确定是否符合《煤矿安全规程》（以下简称《规程》）的有关规定。如果某些有害气体含量超过规定的界限，就要采取必要的安全措施进行处理。本章主要介绍除甲烷气体外的其他有毒有害气体浓度及氧气浓度测试方法，而甲烷气体（或瓦斯）是矿井气体中主要的灾害性气体，将在之后章节中专门介绍。

3.1　矿井气体

地面空气进入井下后，由于煤岩中涌出各种气体以及可燃物的氧化，其成分将产生变化。风流在经过采掘工作面等用风地点之前，其组成成分变化不大，称为新鲜空气，简称新风。当经历了物理、化学变化后，空气组分种类增多，组分比例发生变化，其质量也发生较大变化，此时称其为污浊空气或乏风。

3.1.1　矿井气体成分

矿井气体成分除氧气（O_2）、氮气（N_2）、二氧化碳（CO_2）、水蒸气（H_2O）外，还混入各种有害气体，如甲烷（CH_4）、一氧化碳（CO）、硫化氢（H_2S）、二氧化硫（SO_2）、二氧化氮（NO_2）、氨气（NH_3）、氢气（H_2）和矿尘等。同时，空气的温度、湿度和压力也要发生变化。这种充满在矿内巷道中的各种气体和杂质的混合物就叫作矿井气体。

在众多气体成分中，对人体有益的只有一种，即氧气，而其他成分可归纳为以下三类：

（1）燃烧性气体，如 CH_4、H_2 等。

（2）窒息性气体，如 N_2、CO_2 等。

（3）中毒性气体，如 CO、H_2S 等。

除地面空气的基本成分及其浓度外，在生产矿井中，有毒有害气体浓度会增加，主要有三个方面的原因：一是在开采煤层时，从煤层及其围岩中涌出的煤系地层特有的气体，如 CH_4、CO_2 等；二是采掘生产过程中由生产工艺及某些矿物氧化所产生的气体，如 H_2S、SO_2 及氮氧化合物（NO_x）等；三是煤炭氧化、火灾及爆炸灾害事故所产生的气体，如 CO 及烷烃类气体。此外，还有井下工作人员的呼吸及通风不良也将会造成矿井中氧气浓度降低，有害气体浓度相应增加。

表 3－1 列出了矿井气体中一些易燃易爆性气体的特性，表 3－2 列出了甲烷气体与空气混合气体爆炸的浓度范围与初始温度，表 3－3 列出了甲烷气体爆炸后生成的气体。

表 3－1　矿井气体中易燃易爆性气体的特性

名称	分子式	分子量	在空气中爆炸界限 10 kPa（760 mmHg）、20℃时				比重（空气为 1）	最大爆炸压力（MPa）	自燃温度（℃）	最小点燃能量（MJ）
			上限	下限	上限	下限				
			体积（%）		（g/m³）					
甲烷	CH_4	16.0	5.0	15.0 (16.0)	33	100	0.55	0.72	595（660）	0.28
乙烷	C_2H_6	30.1	3.0	15.5	37	195	1.04		515	0.24
丙烷	C_3H_8	44.1	2.1	9.5	39	180	1.56	0.86	470	0.31
正丁烷	C_4H_{10}	58.1	1.9	8.5	49	210	2.05	0.86	365	0.25
异丁烷	$(CH_3)_3CH$	58.1	1.8	8.5	44	210	2.05		460	0.52
氢气	H_2	2.0	4.0	75.6	33	64	0.07	0.74	560	0.02
一氧化碳	CO	28.0	12.5	74.0	145	870	0.97	0.73	605	0.28
硫化氢	H_2S	34.1	4.3	45.5	60	650	1.19	0.50	270	0.077
乙烯	C_2H_4	28.06	3.0	29.0			0.985		485	0.096
乙炔	C_2H_2	26.04	2.0	82.0			0.905		295	0.02
氮气	NH_3	17.03	15.0	28.0			0.579		651	680

表 3—2　甲烷气体与空气混合气体爆炸的浓度范围与初始温度

初始温度（℃）	混合气体爆炸界限（%）	
	下限	上限
20	6.00	13.40
100	5.45	13.50
300	5.40	14.25
600	3.35	16.40
700	3.25	18.75

表 3—3　甲烷气体爆炸后生成的气体

气体名称	不同浓度下甲烷气体、爆炸后生成的气体（%）			
甲烷体积浓度（%）	9.46	10.83	10.94	12.00
二氧化碳	15.10	10.16	8.35	4.80
一氧化碳	—	2.13	4.47	3.90
氢	—	1.39	3.66	3.50
水蒸气	12.30	—	—	—
氮	72.60	86.32	83.52	82.20
其他	—	—	—	2.50
备注	（法）化学计算得	美国矿山局测得		法国测得

3.1.2　矿井气体成分的安全标准

采取技术手段把矿井气体成分的浓度降到对人体没有危害的程度，是完全可以办到的，把这种没有危害的浓度称为容许浓度或安全标准。它们既是矿井通风的任务之一，也是衡量矿井通风技术工作的标准之一。

根据我国制定的《工业企业设计卫生标准》《煤矿安全规程》规定，在采掘工作面进风流中，各种气体成分的安全标准（其中 O_2 是最低允许浓度，其余都是最高允许浓度）和井下工作地点及人行道的风流中浮尘的安全标准见表 3—4。

表 3—4　矿井气体成分的安全标准

成分名称	安全标准		分子量
	体积浓度（%）	质量浓度（mg/m^3）	
O_2	≥20	≥285714.3	32.00

续表

成分名称	安全标准		分子量
	体积浓度（%）	质量浓度（mg/m^3）	
CH_4	≤0.5	≤3578.4	16.03
CO_2	≤0.5	≤9821.4	44.00
CO	≤0.0024	≤30	28.00
H_2	≤0.5	≤448.66	2.01
NO_2	≤0.00025	≤5	46.00
SO_2	≤0.0005	≤14.3	64.07
H_2S	≤0.00066	≤10	34.09
NH_3	≤0.004	≤30.4	17.03
浮尘	含二氧化硅 10%以上时，≤2 mg/m^3		
	含二氧化硅 10%以上时，≤10 mg/m^3		

此外，在采掘工作面和采区的回风流中，CH_4 和 CO_2 的体积浓度不超过 1%；在矿井和一翼的总回风流中，CH_4 和 CO_2 的体积浓度不超过 0.75%。表 3-4 中体积浓度和质量浓度的换算原则是：任何气体的分子量就是该气体在标准状况下 22.4 L 的质量。

例如，CO_2 的气体分子量是 44 g，1 m^3 = 1000 L，1 g = 1000 mg，故相当于体积浓度为 0.5%的 CO_2 的质量浓度为

$$\frac{44\times1000}{22.4\div1000}\times0.5\%=9821.4\ (mg/m^3)$$

3.1.3 矿井气体成分含量测试仪表的要求

通常对矿井下工作人员危害最大的气体有甲烷、一氧化碳、二氧化碳、硫化氢、二氧化氮等。为了确保工作人员的生命安全和健康，达到安全生产的要求，必须经常性地检查有毒有害气体的含量。测定矿井气体成分含量的方法有很多，根据测定对象和测试原理不同，仪表的结构特点及其适用条件相差很大。有的测试方法测定精度很高，但其设备、仪表结构复杂、操作不便；有的结构简单、操作方便，但其适用条件有一定的局限性。因此，我们要根据测试对象和测试目的来选择合适的仪表，以达到最佳测试效果。

矿井气体中各种有毒有害气体浓度根据具体情况不同，对允许值也有不同程度的要求，一般都比较低，例如，在《矿产安全规程》中，一氧化碳的最高

允许浓度为 0.0024%。因此，要求测试仪表必须具有一定的测试精度（当含量较低时，精度需达到 10^{-6}数量级）和较宽的浓度测试范围。对于这样的条件，单台仪表往往很难满足要求，目前常采用多种形式的组合方法予以解决。例如，测试甲烷浓度时，将热导型原理和热催化型原理的测试元件组装在一台仪表上，充分利用各自优点，既可测定高浓度，又可测定低浓度，而且还具有一定的精度。表 3－5 列出了各种气体测试仪表的测定范围。

表 3－5　各种气体测试仪表的测定范围

测试仪表类型	测定范围	检测对象
光干涉式	0.1%～100%	几乎所有气体
热导体	0.1%～100%	几乎所有气体
气敏半导体	0.01%～%LEL	几乎所有气体
载体催化剂	0.1%～爆炸下限	全部可燃气体
红外线吸收式	1 ppm① ～100%	几乎所有气体
定电位电解式	允许浓度～100000 ppm	CO、NO、H_2S、N_2O
伽伐尼电池式	100 ppm～100%	O_2

注：①1 ppm=10^{-6}。

矿井气体测试仪表的性能结构应满足下列基本要求：

（1）最低检测浓度。可燃可爆性气体的最低检测浓度应在爆炸下限的 1/10 以下，中毒性气体的最低检测浓度应在允许值的 1/10 以下。

（2）测试元件的反应速度。对于可燃可爆性气体，测试元件应在 30 s 以内反应；对于中毒性气体，测试元件应在 1 min 以内反应。

（3）应具有声、光同时报警的功能。可燃可爆性气体的报警点应在爆炸下限的 1/4 处，可左右调整；中毒性气体的报警点应在允许浓度值左右调整。

（4）温度要求。当环境温度为－20℃～40℃时，测试仪表应能正常工作。

（5）电压要求。当供电电流的电压标准值波动±10%时，测试仪表应能稳定工作。

（6）强度要求。由于矿井生产条件比较复杂、空间窄小，因此要求测试仪表应有足够的强度，当受到一定冲击时，测试仪表产生的误差不能超过允许范围。

（7）防爆性。矿井生产尤其是煤矿生产中，会产生大量可燃易爆性气体，测试仪表必须符合 GB 3836 各项有关防爆的规定。

（8）防潮及防尘要求。绝大多数矿井的生产作业地点都有不同程度的淋水和大量粉尘，因此，测试仪表必须有防潮和防尘装置。

除了上述基本要求，测试仪表还应具有故障指示电路和防其他气体干扰的装置。

3.2 一氧化碳浓度测定

一氧化碳是一种无色、无臭、无味的可燃性气体，当其在空气中含量达到一定值时，会对人的生命构成直接威胁。在生产矿井中，许多情况都可以产生大量的 CO，如煤炭的氧化和自燃、煤尘和沼气爆炸等。有关灾害性事故调查发现，人员的伤亡有许多并不是事故直接造成的，而是由于发生事故时，产生大量 CO，致使灾区附近的许多人员中毒窒息死亡。因此，及时准确测定 CO 浓度具有两个方面的意义：一是正确调整井下供风量，保持井下气体成分正常，预防中毒事故发生，保证安全生产；二是可以判断和消除煤的自然发火事故。根据火灾区的 CO 浓度，可以了解灭火效果，以便决定火灾区的密封和拆除。

测定 CO 浓度的方法有许多，按其工作原理可分为检知管法、红外线法、电化学法、气相色谱法等。

3.2.1 检知管法

检知管法测定 CO 浓度的基本原理是：采用采气装置采取一定量的待测气体，并使采集的气样通入长约 150 mm、直径为 4～6 mm 的两端密封、内装白色固体化学试剂的细长玻璃管中。当定量的待测气样通过检知管时，待测气样中的 CO 就会与管内试剂发生化学反应，使白色化学试剂的颜色迅速发生变化。根据化学试剂变化的颜色或变色长度的不同，检知管又可分为比长式和比色式两种。

1. 比长式检知管

比长式检知管的结构如图 3-1 所示，它由玻璃管外壳、堵塞物、保护胶、隔离层及指示剂等组成。其中，外壳用中性玻璃管加工而成；堵塞物通常用的是钔化玻璃丝布或耐酸涤纶，它的作用是固定整个管内物质；保护胶是用硅胶或活性炭为载体吸附试剂制成，它的作用是除去对指示剂变色有干扰的气体；隔离层一般采用有色玻璃粉或其他惰性颗粒物质，它对指示剂起隔离显示作用；指示剂是以活性硅胶为载体，吸附 I_2O_5 和发烟硫酸经过加工处理而成，被测气体的浓度由它来显示。

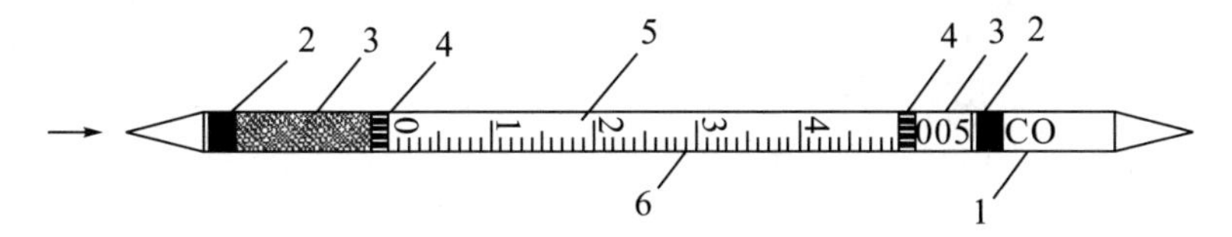

1—外壳；2—堵塞物；3—保护胶；4—隔离层；5—指示剂；6—被测气体含量的刻度

图 3—1　比长式检知管

比长式检知管的工作原理是：利用 CO 与指示剂中 I_2O_5 发生化学反应，生成游离的 I_2，而 I_2 又与 SO_3 形成一种棕色化合物，在检知管中呈现一个棕色环。该棕色环随着气流的通过会不断向前移动，其移动距离与 CO 的浓度呈线性正比关系，所以按照棕色环移动的最终位置，就可以从检知管壁的刻度上读出相应的 CO 浓度数值。有关化学反应方程式为

$$I_2O_5 + 5CO \xrightarrow{H_2SO_4} 5CO_2 + I_2 \uparrow \quad (3-1)$$

$$I_2 + SO_3 \longrightarrow 棕色化合物 \quad (3-2)$$

目前国内使用的一氧化碳检知管主要技术特征见表 3—6。

表 3—6　一氧化碳检知管主要技术特征

型号	测量范围（%）	允许误差（%）	使用前后颜色变化	采样体积（mL）	送气时间（s）	使用温度（℃）	生产单位
C1D	0.0005～0.01	±15	白色→棕色	50	90	10～30	西安煤矿仪表厂
C1Z	0.005～0.1	±15	白色→棕色	50	90	10～30	西安煤矿仪表厂
C1G	0.05～1	±15	白色→棕色	50	90	10～35	西安煤矿仪表厂
一	0.0005～0.0015	±15	白色→棕色	50	100	10～35	鹤壁矿务局气体检定管厂
二	0.001～0.05	±15	白色→棕色	50	100	10～35	鹤壁矿务局气体检定管厂
三	0.01～0.5	±15	白色→棕色	50	100	10～35	鹤壁矿务局气体检定管厂
四	0.5～20	±15	白色→棕色	50	100	10～35	鹤壁矿务局气体检定管厂

2. 比色式

比色式检知管是一根长约 16 cm 两端封闭的细玻璃管（图 3—2），管内装

有以硅胶为载体吸附酸铵和硫酸钯的混合溶液（称为黄色指示剂）和白色水分吸收剂硅胶。当CO通过检知管时，在硫酸钯的催化作用下，酸铵被CO还原成钼蓝，随CO浓度的增加，指示剂颜色由黄色变成黄绿色、绿黄色、绿色、蓝绿色、蓝色，其化学反应方程式为

$$2CO+2PdSO_4+3(NH_4)_2MoO_4+2H_2SO_4 \longrightarrow Mo_3O_2+Pd+PdSO_4+3(NH_4)_2SO_4+2CO_2+2H_2O \quad (3-3)$$

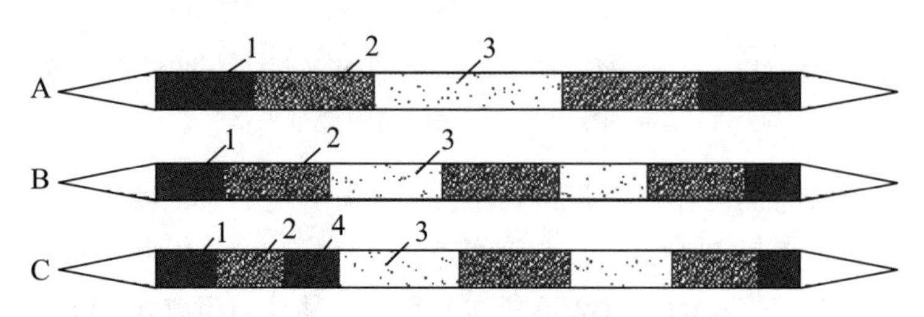

1—脱脂棉；2—活性化硅胶；3—黄色指示剂；4—红色保护胶

图3—2　比色式检知管

上述反应速度较慢，当温度一定时，指示剂变色程度与通气时间及CO浓度的乘积成正比。

由于测定地点气体成分不同，比色式检知管分为A、B、C三种（图3—2），A型管只装一段黄色试剂，适用于不含乙烯和氧化氮的场所；B型管装有两段黄色试剂，靠进气口那一段可消除乙烯对测定结果的影响，适用于煤矿自燃火灾的测定；C型管除装有两段黄色试剂外，还装有一段橙红色的硅胶（将白色硅胶浸泡在铬酸的混合液内制成），用以吸收H_2和NO_2，适用于炮烟中CO的浓度测定。

3.2.1.1　采样装置

使用检知管法，必须有采样装置，这样才能构成一个完整的测试系统。目前，采样装置有两种：气体采样泵和抽气唧筒。

1. DQJD—1型气体采样泵

DQJD—1型气体采样泵的结构如图3—3所示，它是由插管座、进气口、排气口和有内弹簧的橡胶波纹泵管组成的。用手握压采样泵的两侧，橡胶波纹泵管被压缩，泵内气体通过排气口排出，当手放松时，采样泵借助内弹簧的弹力，使橡胶波纹泵管伸展，恢复到原来的自由长度，此时泵体内处于负压状态，外部待测气体就会通过插入插管座上的检知管被吸入泵内。这样，采样泵完全压缩、放松一次，吸气量为50 mL，最后通过读取检知管的变色长度或变色程度就可得到CO的浓度。

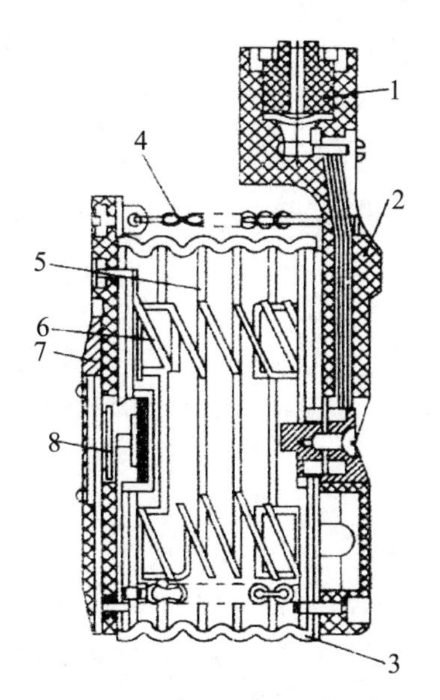

1—插管座；2—上压盖；3—橡胶波纹泵管；4—链条；
5—支撑环；6—弹簧；7—下压盖；8—出气阀门

图 3—3　DQJD—1 型气体采样泵的结构

2. AQY—50 型抽气唧筒

AQY—50 型抽气唧筒的结构如图 3—4 所示，它由铝合金管及气密性良好的活塞、气体入口、气体出口和三通阀等组成。抽取一次试样的体积为 50 mL，在活塞杆上有 10 等分刻度，并标有吸入试样的毫升数，可控制取样数量和送气速度。抽气唧筒前部有一个开关把手——三通阀，用以控制气流方向，当开关把手平放时，唧筒与气体入口相通，使仪器处于抽取气样状态，若采样地点测定人员不易到位，可在气体入口处接上胶皮管来吸取；当开关把手处于垂直位置时，唧筒与气体出口相通，仪器处于测试状态，此时，可将吸入的气体试样通过气体出口压入检知管；当开关把手处于与活塞杆成 45°的位置时，仪器处于密闭。

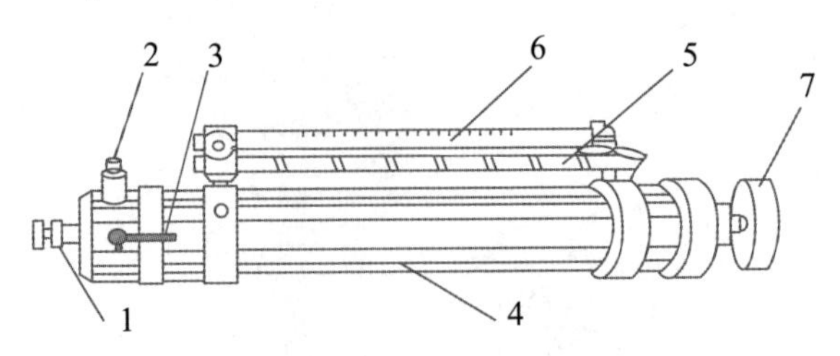

1—气体入口；2—气体出口；3—开关把手；4—抽气筒；
5—温度计；6—标准比色板；7—活塞手柄

图 3—4 AQY—50 型抽气唧筒的结构

3.2.1.2 测定方法与步骤

1. 比长式检知管测定法

（1）采取待测定气体试样。根据不同的测定对象，采样方式有所不同，对于不太活泼的气体，如 CO、CO_2 等，一般将被测气体直接吸入采样器。采样时，首先在测定地点用采样器吸一排被测气体 2～3 次，使采样器内原有气体完全被所测气样取代，然后再取一定体积气体试样。

（2）送入气体试样。在送入气体试样前，先将选定的检知管两端封口打开，并把浓度标尺“0”端插在采样器的插孔上（DQJD—1 型采样器由于是采样吸气测定，故应将非“0”端插入插管座上），然后将气体试样按检知管规定的送气时间以均匀的速度送入检知管。

（3）读取浓度值。检知管上刻印有浓度标尺，浓度标尺零线一端称为下端，测定上限一端称为上端。送气后，变色的长度或变色环上端所指示的数字，就代表所测气体中一氧化碳的浓度。

（4）高浓度的测定。如果被测气体的浓度超过了检定管的上限，测定前应先做好测量人员的防中毒措施，然后按下述方法进行测定：

①稀释法。到井下测定前，先准备一个盛有新鲜空气的橡皮囊带到井下，测定时，首先吸取一定量的待测气体，然后用皮囊中的新鲜空气将之稀释至 0.5～0.1，最后将稀释后的气体送入检知管，测定的结果应是读数值乘稀释倍数，即得被测气体的浓度值。其计算式如下：

$$CO_{真}=检知管指示值\times稀释倍数 \tag{3-4}$$

例如，用测定范围为 0.001%～0.05%的二型 CO 检知管进行测定，先吸取气体试样 10 mL，再用 40 mL 新鲜空气稀释后，在规定时间内将被测气体均匀送入检定管，其读数为 0.03%，则被测气体中 CO 的浓度为

$$0.03\%\times\frac{10+40}{10}=0.03\%\times5=0.15\%$$

②缩小送气量和送气时间法。如果检知管要求送气量为 50 mL，送气时间为 100 s，在测高浓度时，则可采用送气量为 50/N mL 及送气时间为 100/N s。N 可取值为 2~4，此时被测气体的 CO 浓度应为读数值乘 N。

（5）低浓度的测定。当气体试样中被测气体浓度偏低、结果不易量读时，可采用延长推送时间或增加送气次数的方法来测定，其结果要除以时间延长的倍数或连续送气的次数，即可得到 CO 真实浓度。

$$CO_{真}=检知管指示值/时间延长的倍数或连续送气的次数 \tag{3-5}$$

例如，用上述二型 CO 检知管进行测定，按送气量为 50 mL、送气时间为 100 s 的要求，连续送 5 次气体试样后，检知管的指示值为 0.003%，则被测气体中 CO 的浓度为：0.003%÷5=0.0006%。

2. 比色式检知管测定法

用比色式检知管来测定 CO 浓度时，采用比色原理，CO 浓度与指示剂的变色程度是非线性关系，且受到作用时间和环境温度的影响。因此，测定时除保证均匀送气外，还要用时间和温度按表 3-7 对测定值进行修正。

表 3-7　比色式检知管测定 CO 浓度校正表

送气时间（s）	等待时间（min）	比色板浓度（%）	实际浓度（%）						
			10℃	15℃	20℃	25℃	30℃	35℃	40℃
10	1	0.01	0.05	0.03	0.02	0.015	0.01	0.008	0.006
		0.02	0.09	0.06	0.04	0.030	0.02	0.016	0.012
		0.03	0.14	0.09	0.06	0.050	0.03	0.024	0.018
		0.06	0.27	0.18	0.12	0.090	0.06	0.050	0.036
		0.10	0.45	0.30	0.20	0.150	0.10	0.080	0.060
20	2	0.01	0.023	0.015	0.01	0.008	0.005	0.004	0.003
		0.02	0.045	0.030	0.02	0.050	0.010	0.008	0.006
		0.03	0.070	0.050	0.03	0.023	0.015	0.012	0.010
		0.06	0.140	0.090	0.06	0.045	0.030	0.023	0.020
		0.10	0.230	0.150	0.10	0.080	0.050	0.040	0.030

续表

送气时间（s）	等待时间（min）	比色板浓度（%）	实际浓度（%）						
			10℃	15℃	20℃	25℃	30℃	35℃	40℃
30	3	0.01	0.015	0.10	0.007	0.008	0.004	0.003	0.002
		0.02	0.030	0.02	0.014	0.010	0.007	0.005	0.004
		0.03	0.040	0.03	0.020	0.015	0.010	0.008	0.006
		0.06	0.090	0.06	0.040	0.030	0.020	0.015	0.012
		0.10	0.150	0.10	0.070	0.050	0.0005	0.005	0.020

比色式检知管测定法的步骤与比长式检知管测定法基本相同，其区别为：比色式检知管测定法是停止送气后，按表 3-7 的要求等待一段时间，再与标准比色板进行对比，即可得到 CO 真实浓度。

3.2.1.3 使用检知管的注意事项

（1）检知管应在阴凉处存放，两端切勿碰破，使用时不要过早打开两端，以防影响测定结果。

（2）若测定环境温度为 10℃～30℃，测定误差将会增大。

（3）测定高浓度（超过 0.1%）CO 气体时，必须做好测定人员的防中毒措施。

（4）送气时，一定要按检知管的标准送气时间均匀送气。

3.2.1.4 用检知管进行测定的特点

用比长式检知管测定 CO 浓度的主要优点是测试速度快、便于携带、操作方便、灵敏度高，能在多种条件下进行测定；其主要缺点是受温度和其他条件的影响，测定结果的精确度稍差，每支检定管只能用一次。

因比色式检知管的灵敏度较低、颜色不易辨别、色阶与色阶之间代表的浓度间隔太大、成本较高、定量测定准确性差等缺点，所以其在现场应用较少。

目前，我国用于煤矿的检知管除有测定 CO 浓度的检知管外，还有测定 CO_2、H_2S、NO_2、O_2、N_2等气体浓度的检知管。使用方法与上述相同。

3.2.2 电化学一氧化碳传感器

各种氧化还原物质都有一定的氧化还原电位，CO 的氧化还原电位是0.9～1.1 V，在还原电位条件下，CO 可氧化为 CO_2。根据这一原理，只要测出 CO

还原状态下离子电流的大小，即可测算 CO 浓度。我国在 20 世纪 80 年代中期研制的 KG3002 型连续测 CO 传感器，已应用在 KJ 系列及其他煤矿安全监测系统中。

3.3　氧气含量测定

空气中的 O_2 含量对人们的生活和工作有很大影响，尤其是对于地下开采作业，O_2 含量直接影响工作效率和安全生产，这是因为 O_2 的减少对人体的危害较大，见表 3－8。

表 3－8　O_2 含量对人体的影响

O_2 含量（%，体积比）	症状
21	一般大气 O_2 含量，无症状
16	灯火熄灭，若静止不动，对身体无影响
15	呼吸变深，脉搏数增加，劳动困难
11	呼吸频率变高，动作非常缓慢，有睡意
10	呼吸愈发困难，脸色开始变色，不能动作
7	呼吸显著困难，脸色变青，同时精神错乱，感觉迟钝
5	失去肌肉反应，失去知觉
5 以下	40 s 以内，无任何前兆地失去知觉，猝然死去

O_2 是一种无色、无味、无臭、比空气稍重的气体，在空气中的正常含量为 20.93%（体积比），稍溶于水，能与各种物质化合，有助燃性。

在煤矿井下，O_2 含量的减少主要有以下几个方面的原因：①有机物、无机物的缓慢氧化，特别是坑木的腐烂；②煤的缓慢氧化和人员呼吸；③煤炭自燃及发生火灾事故；④煤尘爆炸、瓦斯爆炸等。O_2 消耗在大多数情况下会转化成 CO_2 和水，而 CO_2 增加将严重影响井下作业人员的生命安全。因此，O_2 浓度的测定是环境安全检测的重要内容之一。空气中 O_2 含量的测试，不仅有利于防止生产人员发生缺氧症，而且对了解煤炭自然发火及井下火灾发展规律、判定灭火效果等方面有着重要的意义，是环境安全检测的主要内容之一。

根据测定目的不同，可以选用不同的 O_2 含量测定方法。利用 O_2 在一定条件下发生的化学、物理变化现象来测定 O_2 含量的方法有化学吸收法、电化学法、比色法、顺磁法、热传导法、吸附热、气相色谱法、气敏法等，其中多数属于实验应用的分析方法。目前，能够在工业上应用来分析 O_2 含量的方法主要有以下几种：

（1）顺磁法。利用氧的磁性特征来测定 O_2 含量，这种方法是目前应用最广、测量范围最大且十分有效的一种方法。除能够应用于煤矿井下外，顺磁法还可以对锅炉、各种工业炉的燃烧状况，汽车以及内燃机的燃烧效率等 O_2 含量参数进行测定。

（2）电化学法。利用氧气的电化学性质对 O_2 含量进行分析的一种方法，如伽伐尼电池式氧气传感器就是采用电化学法。

（3）利用热传导原理。利用氧气的导热性能（即导热率）进行 O_2 含量的测定。

根据矿山实际生产情况，下面简单介绍两种测定 O_2 含量的方法。

3.3.1 磁力机械式氧气分析器测定氧气含量

当处于非均匀磁场中的物体周围气体的磁性发生变化时，就会受到吸力或斥力，被分析气体中 O_2 含量发生变化，使被分析气体的磁性发生变化。磁力机械式氧气分析器就是利用这一原理来测定 O_2 含量的。

磁力机械式氧气分析器的工作不受背景气体的干扰，精度高、量程广，最小可以测定 0～1 ppm 的 O_2 含量，在一般测量范围内误差为±0.1%，在低浓度时，误差稍大，可能达到±4.0%。因此，这类仪器比较精密、灵敏度高，但难以维护。

3.3.2 伽伐尼电池测氧法

伽伐尼电池测氧法是利用氧气的电化学性质来实现对 O_2 的含量测定的。伽伐尼电池又称为燃料电池，燃料电池是使燃料与氧起化学反应，将化学能直接转换成电能的装置。根据这一原理，可制作出电化学法测氧的传感器元件。

伽伐尼电池测氧法的原理比较简单，使用的传感器元件的体积可以做得很小，适于制成携带式和连续检测式仪器，具有测定准确、迅速等优点；其缺点是大气压力和环境温度的变化对测定结果有影响。

第 4 章　矿尘检测

矿尘检测是为了及时了解矿井采掘工作面等作业场所空气中粉尘对工作人员健康的危害程度、正确评价矿井作业场所的劳动卫生条件、检验防尘措施和设备效果，是粉尘防治工作的重要组成部分。按照《煤矿安全规程》和行业标准规定，矿尘检测的项目有空气中粉尘浓度、粉尘分散度的测定等。

4.1　粉尘浓度的测定

4.1.1　粉尘浓度分类及卫生标准

粉尘浓度分为数量浓度、质量浓度和呼吸性粉尘的质量浓度。

（1）粉尘的数量浓度，表示单位体积空气中所含粉尘的粒子数，用颗/cm^3表示。

（2）粉尘的质量浓度，表示单位体积空气中粉尘的质量，用 mg/m^3 表示。

（3）呼吸性粉尘的质量浓度，表示单位体积空气中呼吸性粉尘的质量，用 mg/m^3 表示。呼吸性粉尘是小于 5 μm 的尘粒。

目前，工业卫生标准规定，粉尘作业环境的粉尘浓度为质量浓度。为了控制作业环境的粉尘浓度，防止粉尘危害，我国制定的工业卫生标准规定中有关矿尘标准见表 4－1。

表 4－1　工业卫生标准规定的矿尘标准

粉尘中游离 SiO_2 含量（%）	最高容许浓度（mg/m^3）	
	总粉尘	呼吸性粉尘
＜2.5	20.0	6.0
2.5～10	10.0	3.5

续表

粉尘中游离 SiO_2 含量（%）	最高容许浓度（mg/m^3）	
	总粉尘	呼吸性粉尘
10～25	6.0	2.5
25～50	4.0	1.5
＞50	2.0	1.0
＜10 的水泥粉尘	6.0	—

4.1.2 矿井粉尘的来源

地面空气在主要通风机的动力作用下，由地面流入井下巷道、硐室及作业地点，再排入地面大气。在这个过程中，空气的物理成分及化学成分均要发生变化，有毒有害气体及矿井粉尘的含量等大幅增加，而悬浮于矿井气体中的粉尘是在采掘生产过程中形成和产生的，如凿岩、爆破、采矿、装运、卸矿等各个生产工艺环节，且所产生的粉尘浓度、粒度大小、分散程度等，均与生产工艺过程有着密切联系。根据有关实测资料，各主要生产工艺的产尘强度见表 4-2。

表 4-2 各主要生产工艺的产尘强度

生产工艺	凿岩（%）	爆破（%）	装运（%）	备注
干式作业	85	10	5	国内资料
湿式作业	50	40	10	国外资料

以上分析说明，矿井流动的空气中粉尘主要是在凿岩、爆破、采矿、装运等生产过程中产生的，但其他方面的来源也不能忽视。

4.1.3 粉尘浓度的测定方法

矿井气体中粉尘浓度的测定方法有很多，根据测定原理可分为分离分散相测定方法和不分离分散相测定方法两类。

4.1.3.1 分离分散相测定方法

分离分散相测定方法的特点：将粉尘从一定体积的含尘空气中分离出来，然后根据分离出来的粉尘质量或粉尘颗粒数确定空气中粉尘的质量浓度或数量浓度。目前属于这种测定方法的主要有沉降法和过滤法。

（1）沉降法。沉降法测定的原理是：首先从测尘地点采集一定体积含尘空气样品并置于密闭容器中，使之在规定时间内自由沉降，然后把沉降下来的粉尘放在显微镜下读数，根据所采集的含尘空气样品的体积，即可计算出粉尘的数量浓度。采集样品所用的仪器有格林式沉降器、冲击式沉降器及电热式沉降器等。

（2）过滤法。过滤法测定的原理是：首先使含尘空气以一定的流速通过过滤装置，使过滤装置将粉尘截留下来，然后根据滤料测定前后用天平称量的质量之差和通过过滤装置的含尘空气体积，即可计算出粉尘的质量浓度。截留粉尘所用滤料有水、滤纸、脱脂棉以及滤膜等。

目前，我国测定粉尘的质量浓度常用过滤法，所用滤料一般为纤维滤膜，这种滤膜具有一定的静电性能，能够吸附一定量的粉尘。

4.1.3.2　不分离分散相测定方法

不分离分散相测定方法的特点是：可将测尘仪器放置于测尘地点，利用光电、声学、射线等原理，直接测定空气中的粉尘浓度，不需要进行称重步骤。不分离分散相测定方法与分离分散相测定方法相比，具有很多优点：可以直接观察到粉尘浓度的瞬时变化，且精度高、速度快、操作方便。但有些仪器的稳定性较差，受背景条件的影响较大。属于这种类型的测定方法主要有以下四种：

（1）光学测尘法。利用光学效应，测定粉尘吸光、散光以及反光的强度，以间接形式测定空气中的粉尘浓度。如丁达尔测尘仪就是根据粉尘对光线的散射效应研制而成的。

（2）声光测尘法。根据粉尘对声场的影响，测定声波通过含尘空气时的反射、折射以及吸收效应，从而间接地测定空气中的粉尘浓度。

（3）光电测尘法。根据光线通过含尘空气时发生强弱变化，使光电流产生差异，从而间接地测定空气中的粉尘浓度。如ACG系列光电测尘仪就是利用光电效应设计的。

（4）β射线测尘法。在规定的时间内，使含尘空气等速度通过滤纸，将粉尘截留于滤纸上，再将一定强度的β射线透射过滤纸，通过测试β射线的透射量，间接地测定空气中的粉尘浓度。

4.1.3.3　过滤法测定粉尘浓度所需仪器及材料

过滤法测定粉尘浓度所需仪器及材料有滤料（滤膜或玻璃滤尘管）、采样仪器、0.1 mg感量的分析天平、干燥器（或烘干箱）、秒表、小镊子等。

1. 滤料

测定粉尘浓度，在采样时用的滤料有两种：一种是滤膜（出厂时两侧有保护纸），另一种是玻璃滤尘管。

滤膜是一种由超细纤维构成的厚度为 1.2～1.5 μm 的薄膜，孔隙很小，表面呈线状，并且有一定的静电性，能牢固地吸附矿尘。其规格有 ϕ40 mm 和 ϕ60～75 mm 两种，ϕ40 mm 规格的滤膜主要适用于粉尘浓度低于 200 mg/m^3 的场合，ϕ60～75 mm 适用于粉尘浓度高于 200 mg/m^3 的场合。使用时，需用滤膜夹夹好后固定于采样头中。采样头的结构如图 4－1 所示。

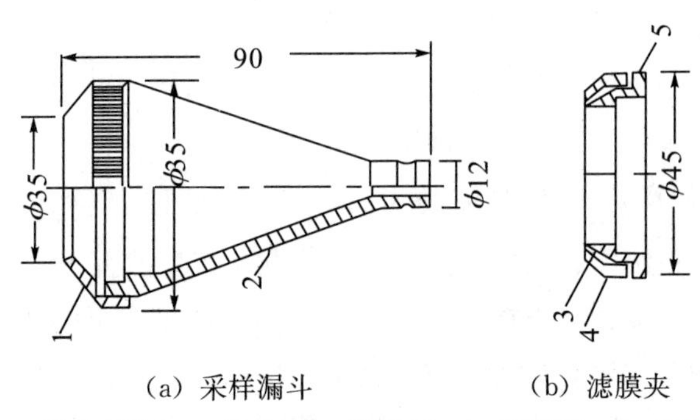

（a）采样漏斗　（b）滤膜夹

1－漏斗顶盖；2－漏斗；3－锥形环；4－固定盖；5－底座

图 4－1　采样头结构示意图

安装 ϕ40 mm 滤膜时，可直接用镊子将滤膜两侧的保护纸取掉，把滤膜平铺在底座上，然后压上锥形环，再用固定盖将其固定，之后就可以放入滤膜盒内（备用）或直接安装在采样头中。安装 ϕ60～75 mm 滤膜时，需先用镊子将其对折两次，形成 90°的扇形，然后张开成漏斗状，置于固定盖内，使滤膜紧贴固定盖的内锥面，用锥形环压紧滤膜，并将底座拧入固定盖内，如图 4－2(a)所示；之后用圆头玻璃棒将锥顶推向对侧，在滤膜夹的另一边形成滤膜漏斗，如图 4－2(b)所示。

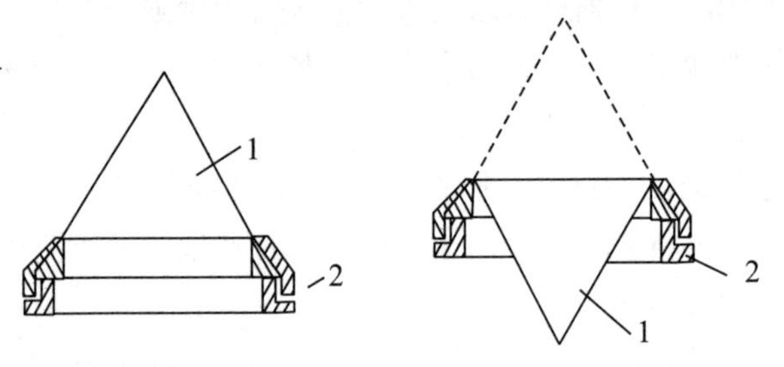

（a）将滤膜对折两次，张开成漏斗状　（b）将滤膜漏斗顶端推向对侧

1－滤膜；2－滤膜夹

图 4－2　ϕ60～75 mm 滤膜的安装方法

玻璃滤尘管的结构如图 4－3 所示。它由具有大、小头的玻璃管以及脱脂棉和金属网（固定脱脂棉）等构成。玻璃滤尘管的准备工作严格，操作麻烦，且脱脂棉具有吸湿性，烘干称重较复杂，主要适用于含尘量大的空气测定，故一般较少采用。

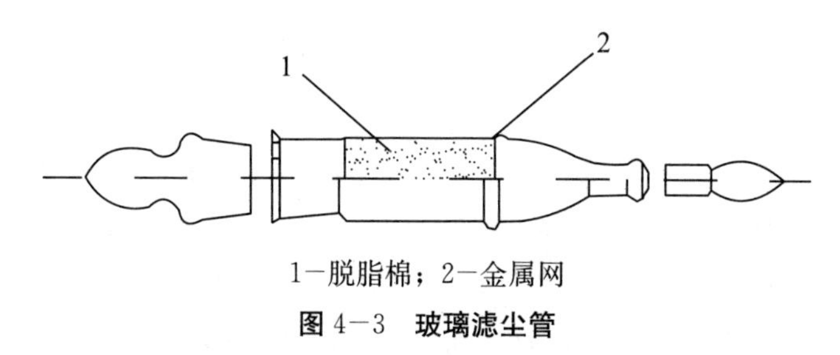

1－脱脂棉；2－金属网

图 4－3　玻璃滤尘管

滤膜与玻璃滤尘管相比，具有阻尘率高（＞99%）、含尘空气通过时阻力小、不易吸收水分、重量轻（ϕ40 mm 滤膜为 20～70 mg）、操作简便、测尘时简短等优点。因此，近年来用滤膜测定取样被广泛使用。

2. 采样仪器

目前，矿尘测定采样仪器较多，如 AQC－45 型浮游矿尘测定仪、KBC 型矿尘测定仪、AQF－1 型粉尘采样器、AQF－20A 型矿尘采样器等。下面以 AQC－45 型浮游矿尘测定仪、KBC 型矿尘测定仪为例来介绍工作原理和使用方法。

（1）工作原理。

无论是哪种类型的矿尘测定采样仪器，都是利用抽气装置以一定的流速抽取一定量的含尘空气，通过装在采样头上的滤料将粉尘截留下来，如图 4－4 所示，然后根据采样前、后滤料的增重，用下式计算粉尘的浓度：

$$G=\frac{W_2-W_1}{Qt}\times 100 \tag{4-1}$$

式中　G——粉尘浓度，mg/m^3；

W_2——采样后滤料质量，mg；

W_1——采样前的滤料质量，mg；

Q——采样时仪器的抽气流量，L/min；

t——采样持续时间，min。

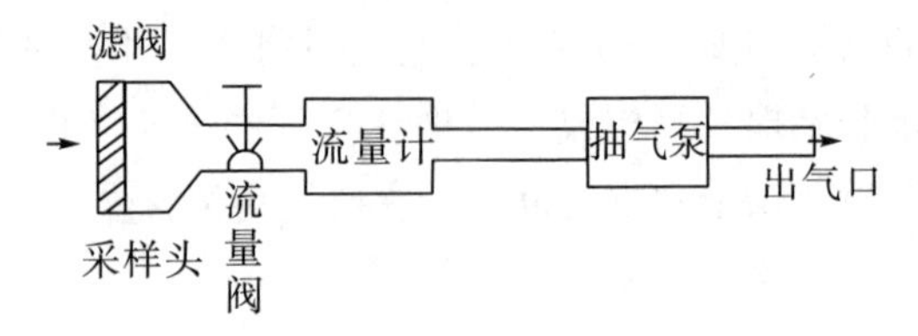

图 4-4 矿尘测定采样仪器的工作原理

（2）AQC-45 型浮游矿尘测定仪。

AQC-45 型浮游矿尘测定仪的结构如图 4-5 所示。它是利用高压氧气（或空气）在高速流动时产生负压来抽取含尘空气的。如图 4-5(b)所示，工作时，打开氧气瓶开关 1，氧气瓶 2 内部的压力由压力表 9 显示出来。且高压气体进入减压器 10，将其压力减小到 0.5～0.8 MPa，然后从引射器 8 喷出，由于高速气流的作用，在引射器的膛室内产生负压，含尘空气便从外部流入采样测头 5，空气中粉尘被滤料截留，截留后的空气通过管路、变换阀 7、流量表 4 到引射器内，并被排出，变换阀可使气流导向，当变换阀顺时针方向转到 A 点时，空气经等效阻力器 6、变换阀、流量表，最后到引射器并喷出；当变换阀在 B 点位置时，含尘空气进入测头，同时秒表 3 被打开计时。

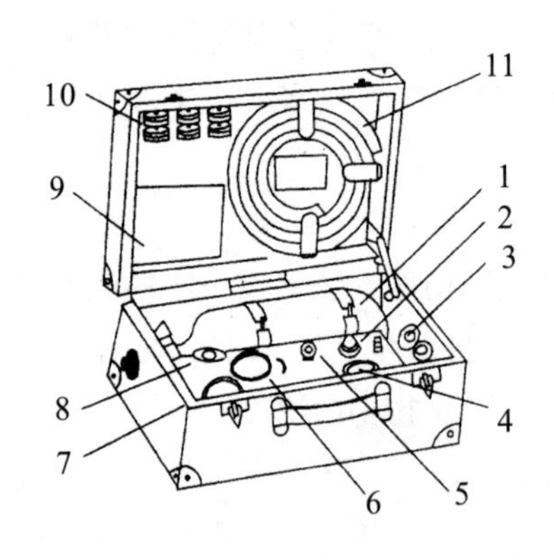

1—氧气瓶；2—等效阻力器；
3—测头（测定时装滤膜）；4—流量表；
5—变换阀；6—秒表；7—压力表；
8—减压器；9—已测滤膜袋；
10—滤膜盒；11—测尘胶管

(a)

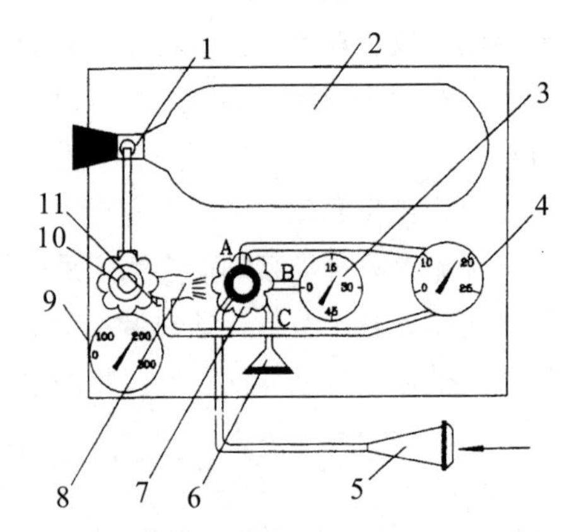

1—氧气瓶开关；2—氧气瓶；3—秒表；
4—流量表；5—测头（测定时装滤膜）；
6—等效阻力器；7—变换阀；
8—引射器；9—压力表；
10—减压器；11—排气安全阀

(b)

图 4-5 AQC-45 型浮游矿尘测定仪的结构

操作方法为：将仪器水平放置于测点附近，用测尘胶管连接测头及仪器护板接头，把装有滤料的滤膜夹放入测头，盖上保护盖，将变换阀旋转至 A 点，打开氧气瓶开关，用减压器调节流量达到规定值，按下秒表使其回零，然后取下测头保护盖，置测头于规定高度并迎向风流，同时将变换阀转至 B 点，仪器开始工作，秒表开始计时，此时应注意控制流量保持不变。当规定采样时间结束时，立即将变换阀旋转至 C 点，同时关闭氧气瓶开关，秒表停止计时，仪器停止采样。采样结束后，要谨慎地将采样头的滤膜（或集尘管）夹取出放入滤膜盒内（或密封保存）。

（3）KBC 型矿尘测定仪。

KBC 型矿尘测定仪是由承德仪表厂生产的煤矿专用测定仪，它是以微型蓄电池为动力，采用安全火花开关，带动小型电动抽气机，通过装有滤膜的采样器及流量计，进行矿尘测定。电动抽气机的能力：带滤膜时抽气量为 25～30 L/min，抽气负压 1569 Pa 以上。KBC 型矿尘测定仪的结构如图 4－6 所示。测尘时，将带滤膜的固定环放入采样器内，接通电源开关，抽气机开始工作，调节流量旋转箱壁上流量计的浮子，使流量达到 20～25 L/min，并保持稳定。当采样时间结束时，关掉仪器背面的开关，将取好样的样品取放入保存盒内，之后烘干称重。

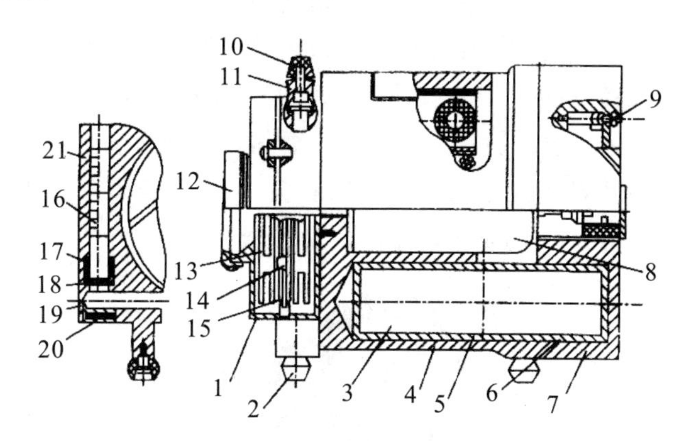

1－抽气盖；2－垫脚；3－蓄电池；4－壳体；5－电极座；6－电极套；7－壳盖；
8－电动机；9—扭子开关；10—旋钮；11—阀；12—采样器道；13—上活动风扇；
14—下活动风扇；15—固定风扇；16—空气转子流量计；17—流量计下座；
18—沙网；19—堵头；20—下罗盖；21—壳盖

图 4－6　KBC 型矿尘测定仪的结构

使用 KBC 型矿尘测定仪之前，需对专用充电器进行充电（测定矿井粉尘时，需在地面充电），充电方法如下：

①使用前在 15℃～35℃下，用 0.3 A 充电 12 h，或 0.6 A 充电 6 h。

②在充电过程中，蓄电池组两端电压不得高于 13.5 V。当高于 13.5 V 后，可（在井上）放电 5 min 左右，以保证使用时（在井下）工作电压不高于 13.5 V。

③充电时间不允许超过规定时间，否则容易损坏电池。

④充电时，将专用负极叉头插入“充电”叉头（或夹住“充电”柱），正极夹夹在外壳上，采用专用定压（调为 13.5 V）恒流（调为 0.3 A 或 0.6 A）电机充电器进行充电。

3. 天平

天平是用于称重的，要求其精度达到万分之一。目前常用的天平有分析天平、光学天平及扭力天平等。下面以 JN－A－50 型精密扭力天平和 TG328B 型分析天平为例，来介绍工作原理和使用方法。

（1）JN－A－50 型精密扭力天平。

JN－A－50 型精密扭力天平是一种能衡量极轻质量，比较灵敏的精密计量仪器。它操作简便，可不用砝码而直接、迅速、正确地读取测定值。JN－A－50 型精密扭力天平主要由平卷簧和片簧两种弹性元件组合而成。使用时不用砝码，只需转动读数旋钮，依靠弹性元件扭转角度所产生的平衡扭力来测量物质的重量，所以无支点机械损耗。该天平采用单臂杠杆结构形式，也没有不等臂性误差存在，在横梁的一端装有速停阻尼器，使横梁摆动能在几秒钟内停止，所以便于迅速读取测定数值。天平的主要结构均密封于外壳内，称盘和被称物质用计量盒与外界隔绝，其精密度为 0.1 mg，即最小分度值为 0.1 mg。JN－A－50 型精密扭力天平的结构如图 4－7 所示。

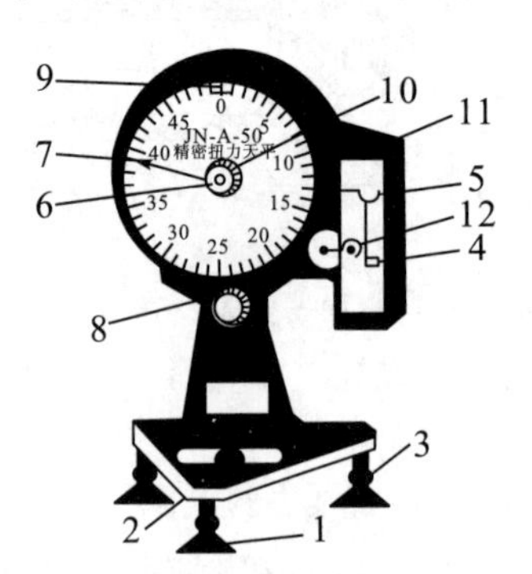

1－垫脚；2－水准器；3－调平脚；4－称盘；5－称钩；6－读数旋钮；7－读数指针；8－制动旋钮；9－平衡衡量指针；10－保持壳；11－计量盒；12－提手

图 4－7　JN－A－50 型精密扭力天平的结构

JN－A－50 型精密扭力天平是一种精密计量仪器，必须严格遵守天平的操作规则，其使用方法如下：

①将天平尽可能放置在温度为 20℃±2℃的室内及稳固的台桌上，垫上垫脚，观察水准器，两手旋动调平脚，使水准器内气泡处于小圈中央。

②将称盘挂在称钩上，然后关上计量盒。

③将所称物质放入称盘中并关上计量盒，然后转动制动旋钮开启天平，观察平衡衡量指针并旋转读数旋转，使平衡衡量指针与镜中该指针的像及读数盘上的零位线重叠在一条线上，此时读数指针所定的读数盘上的数值即为所称物质的重量（mg）。

（2）TG328B 型分析天平。

TG328B 型分析天平又称为半自动电光分析天平，它适用于工矿企业、科研机构及高等院校的实验室、化验室作为化学分析和物质的精密测定。其最大称重为 200 g；最小分度值为 0.1 mg；相对精度为 5×10^{-7}；机械加码范围为 10～990 mg；光学读数范围为：微分刻度全量值 10 mg，每小格刻度值 0.1 mg。TG328B 型分析天平的结构如图 4－8 所示。

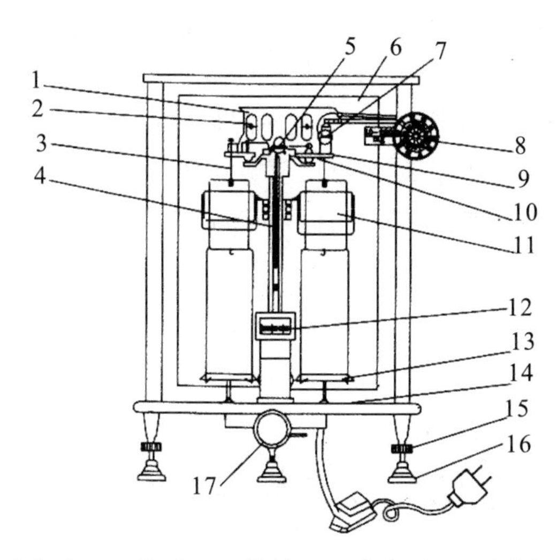

1－横梁；2－平衡砣；3－吊耳；4－指针；5－支点刀；6－框罩；7－圈形砝码；
8－指数盘；9－支力销；10－折叶；11－阻尼内筒；12－投影屏；
13－称盘；14－托盘；15－螺旋脚；16－垫脚；17－旋钮

图 4－8　TG328B 型分析天平的结构

TG328B 型分析天平为杠杆式双盘等臂天平，停动装置为双层折叶式，为了减少横梁摆动时间，提高工作效率，设置了利用空气阻力的空气阻尼装置；

为了能清晰方便地读出 0.1～10 mg 范围内的读数，设置了光学投影放大读数装置及其零点调节机构；还设置了机械加码装置，转动增减圈形砝码的指示旋钮能变换 10～990 mg 圈形砝码，使用简便。

TG328B 型分析天平的调整方法如下：

①零点调整。较大范围的零点调整可由横梁上端左、右两个平衡砣来旋动调节，较小范围的零点调整可由底座下部的微动调节杆来调节。

②感量调整。天平使用一段时间后，由于振动或其他原因，感量会出现过低或过高的现象，解决办法是旋低或旋高横梁支点刀上方重心螺母，但旋动重心螺母后必须重新调整零点，还需要准备一个 10 mg 的记差砝码，以便经常核对光学数值的准确性（如刀刃磨损，应更换新刀）。

③光学投影调整。当天平装好使用时，投影屏 1（图 4−9）上显示刻度应明亮而清晰，如果不是，则可能是天平受震动或零件松动而导致刻度不清、光度不强，可从以下几个方面进行调整：

a. 光源不强。将照明筒 7 上的定位螺钉松开，把灯头座向顺逆时针方向转动，若还不明亮，可将照明筒 7 向前后移动或转动，使光源与聚光管 6 集中成直线，并在投影屏上充满强光为止，最后将定位螺钉紧固。

b. 影像不清晰。将指针 5 前的物镜筒 4 旁边的螺丝松开，把物镜筒向前后移动或转动，使刻度至清晰为止，然后紧固螺钉。

c. 投影屏有黑影缺陷。可将小反射镜 3 和大反射镜 2 相互调节角度，若左右光度不满，可将照明筒旋转，直至充满光度无黑影为止（调节前把固定螺钉松开，调整后紧固）。

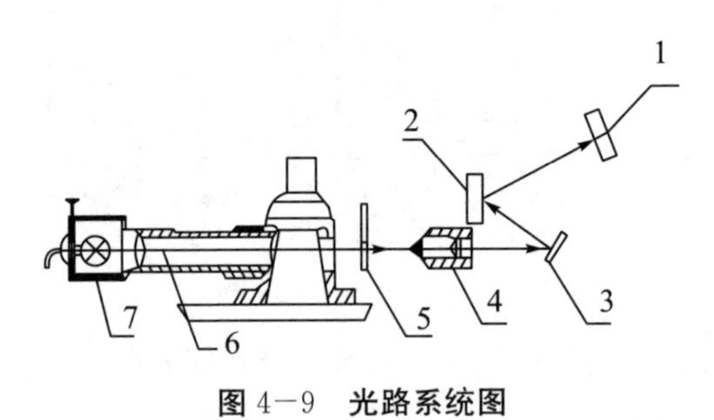

图 4−9　光路系统图

TG328B 型分析天平的使用规则如下：

①旋动开关旋钮时必须缓慢均匀，过快会使刀刃急触而损坏，同时由于剧烈晃动，会造成计量误差。

②称量时应适当地估计添加砝码，然后启动天平，按指针偏移方向增减砝

码，至投影屏中出现静止到 10 mg 内的读数为止。

③每次称量时，绝不能在天平摆动时增减砝码或在称盘中放置被称物。

④若被称物质量小于 10 mg，可从投影屏中读出；若被称物质量为 10～990 mg，可以旋动圈形砝码指示盘旋钮来增减圈形砝码（取放务必轻缓），1～100 g 砝码可从砝码盒内用镊子夹出，根据需要选取使用。

⑤天平读数方法：克以下读取加码旋钮指示数值和投影屏数值；克以上读取称盘内的平衡砝码值。

例如，先在天平右盘放置 20 g 砝码，然后旋动圈形砝码指示盘旋钮，停止摆动后，投影屏上零点指示线指在如图 4－10 中所示位置，这时物质的质量为：右盘砝码读数 20 g，指示盘读数 0.230 g，投影屏上刻度读数 0.0016 g，则物质质量为 20.2316 g。

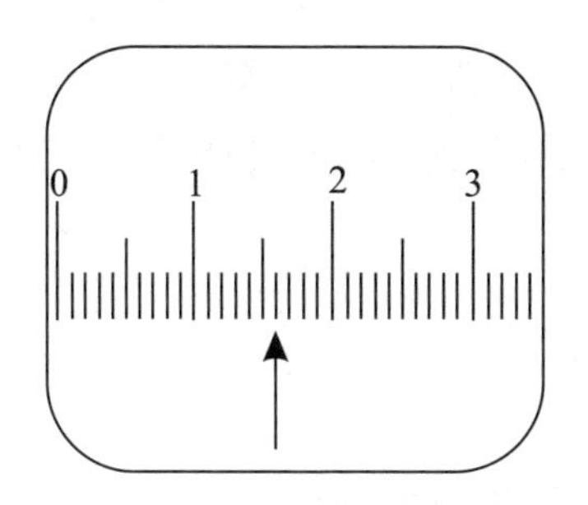

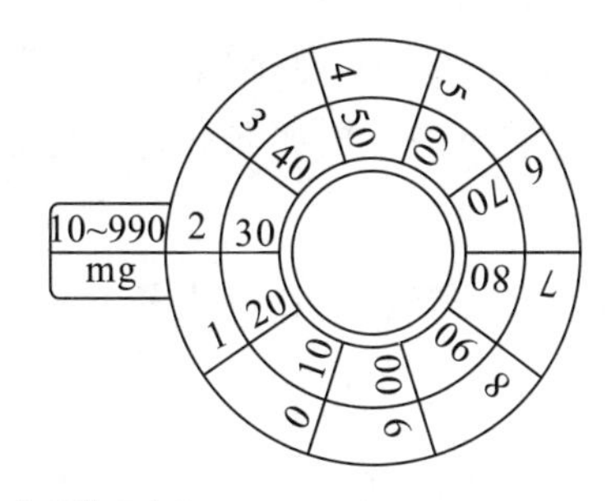

图 4－10　砝码指示图

使用 TG328B 型分析天平的注意事项如下：

①天平室内温度最好保持在 17℃～23℃，避免阳光照射及涡流侵袭或单面受热，框罩内的干燥剂最好用硅矾，忌用酸性液作干燥剂。

②被称物应放在称盘中央，不得超过天平最大载荷。

③尽量少地开启天平的前门，取放砝码及样品时，可以通过左、右门进行，关闭窗门时务必轻缓。

④当天平处在工作位置时，绝对不能在称盘上取放物品或砝码，或关开天平门，或做其他会引起平天振动的动作。

⑤随时保持天平内部清洁，不可将样品落在称盘或底板上，不要把湿或脏的物品放在称盘上。被称物应该放在称盘上、称量瓶或坩埚内称量。而吸湿性物体或腐蚀性气体，必须放在密闭的容器内称量。

⑥不要将热或过冷的物体放在称盘上称量。被称物在称量前，应在天平室内干燥器中放置 15～30 min，待其温度与天平室温度平衡后，方可称量。

⑦被称物及砝码应尽可能地放在称盘中央，否则当天平开启时，称盘将要

晃动，这样既不易迅速观察，又易使玛瑙刀口磨损。

⑧取用砝码必须用砝码镊子，每次用完放回原处，不要将砝码放在天平底板或桌面上。

⑨称量完毕，被称物应从天平内框取出，关好天平开关及天平门窗，所有砝码必须放回盒中，并使圈形砝码指示盘读数恢复到零，拔下电源插头。

⑩取放圈形砝码时要轻缓，不要过快转动指示盘旋钮，致使圈形砝码跳落或变位。

⑪发现天平有损坏或不正常时，应立即停止使用，送交有关修理部门，经检查合格后，方能继续使用。

4. 干燥器（或烘干箱）

干燥器（或烘干箱）是用来干燥（或烘干）被采样品中水分的。通常选择温度能在50℃～200℃范围内任意调节的干燥器（或烘干箱）。干燥器（或烘干箱）内部装有鼓风机加强对流，使内部温度比较均匀，使样品易于干燥（或烘干）。

4.1.3.5 过滤法测尘的步骤

1. 测尘前的准备工作

首先根据不同测尘点粉尘的具体情况选用不同的滤料。当仪器采用电动式时，应检查电压是否满足要求，否则，应在地面充电。若采用AQC－45型浮游矿尘测定仪，则应检查氧气瓶压力及仪器管路的气密性，还要准备好天平、烘干箱、镊子、记录纸等。

将准备好的滤料称重，并记录。记录纸一式两份，一份留地面备查，另一份应粘在过滤装置上（如滤膜合上）。准备好井下所用记录纸，以记录测点的位置编号、温度、湿度、大气压力及测定时间和流量等内容。

2. 采样地点的选择

采样地点应选择在工作人员经常工作地点的吸气带或根据测尘目的而选择采样地点。工作面采样时，采样地点应选在距工作面4～5 m处，这样工作人员生产和采样互不影响，测头的安设高度为1.3～1.5 m，使其处于工作人员呼吸带的标高上。

3. 采样持续时间及流量的确定

采样的持续时间是依据测点的粉尘浓度而定的，其原则是：抽取的含尘空气量不得少于1 m^3，滤料的增重不得小于1 mg，且不易超过滤料的最高允许吸附值，否则易使粉尘从滤料上脱落，影响测定结果。一般情况下，一个样品至少采样 10 min。仪器的采样流量通常控制在 15～30 L/min。有时采样的持续时间可根据生产场所或采样地点粉尘浓度估算值进行确定，即

$$t=\frac{1000\times\text{滤料上粉尘增重最低值（mg）}}{\text{采样地点粉尘浓度估算值}（\mathrm{mg/m^3}）\times\text{流量}（\mathrm{L/min}）}\tag{4-2}$$

式中　t ——采样持续时间，min。

4. 采样

上述工作做好后，即可携带采集器、滤料和记录纸到井下进行采样。采样时，一定要保持采样器的流量稳定，并做好采样时的各种记录。

5. 样本的处理

样品采集好后，带到地面，将滤料取出放入烘干箱中，若为滤膜，需将其含尘一面向里对折 2～3 下；若为玻璃滤尘管，可直接放入烘干箱，然后给定烘干箱温度（滤膜为 60℃～70℃，玻璃滤尘管为 105℃±1℃），连续干燥 2 h 称重一次，之后再置于烘干箱内，每隔 30 min 称重一次，直至最后两次的质量差不超过 0.2 mg，方认为已无水分，此时最后两次称重的平均值即为测尘后滤料的质量。

6. 平行样品

平行样品是指为了保证采样和测定的可靠性及准确性，在同一地点同时用同样的方法采集两个样品，两个样品互称为平行样品，其处理方法完全相同。两个样品经过处理后，相对误差值应小于 20%，否则，就认为测定失败，需重新采样测定。平行样品的相对误差用下式计算：

$$\Delta g=\frac{\Delta G}{\frac{G_1+G_2}{2}}\times 100\%\tag{4-3}$$

式中　Δg ——平行样品的相对误差，应小于 20%；

G_1、G_2——两平行样品按式（4-1）计算的结果，$\mathrm{mg/m^3}$；

ΔG ——两平行样品计算的结果差，$\mathrm{mg/m^3}$。

7. 测点的粉尘浓度

最终所测的粉尘浓度值采用下式计算：

$$C=\frac{G_1+G_2}{2}\tag{4-4}$$

式中　C——最终测定的粉尘浓度，$\mathrm{mg/m^3}$。

4.1.3.6 ACG−1 型光电测尘仪及其使用

ACG−1 型光电测尘仪是由镇江煤田地质机械厂生产的利用光电效应测定粉尘浓度的直读型仪器。该仪器体积小、便于携带、操作方便，可以在测定地点直接读取粉尘浓度。但由于其利用的是光电效应，粉尘种类不同（如煤粉和岩粉）将使测定结果产生一定误差，该仪器主要适用于测定煤尘浓度。

光电测尘的原理是以一定光通量的光通过含尘气体，由于粉尘对光有散射和消光的作用，使得光通过粉尘后照射到检测元件硅光电池上的光通量发生变化，根据光通量的变化量——硅光电池产生电流的变化值，来确定粉尘的浓度。在实际电路中，硅光电池产生的电流与光的强度有如下关系：

$$I = d\Phi \tag{4-5}$$

式中　I——硅光电池受光照射后产生的电流，A；

d——比例系数；

Φ——照射在硅光电池上的光通量，lm。

当无粉尘时，设光通量为 Φ_0，有粉尘时为 Φ，测尘前后，$\Phi_0 \neq \Phi$，实践证明，两者的关系满足下式：

$$\Phi = \Phi_0 \mathrm{e}^{-KLG_1} \tag{4-6}$$

式中　K——含尘气体消光系数；

G_1——单位厚度粉尘的质量，kg；

L——含尘气体的厚度，mm。

其中，G_1、L 之积是含尘气体的总尘质量。

若以 G 代替 G_1、L，则有

$$\Phi = \Phi_0 \mathrm{e}^{-KG} \tag{4-7}$$

对上式取对数，则有

$$G = \frac{1}{K} \ln \frac{\Phi_0}{\Phi} \tag{4-8}$$

由式（4−8）可知，只要找出消光系数 K 及含尘气体前后通过的光通量 Φ_0、Φ，就可求出一定体积内粉尘含量——含尘浓度。

又因 $I = a\Phi$，故可得

$$G = \frac{1}{K} \ln \frac{I_0}{I} \tag{4-9}$$

式中　I_0——测尘前（无粉尘状态）硅光电池产生的光敏电流，A；

I——测尘后（有粉尘状态）硅光电池产生的光敏电流，A。

ACG－1 型光电测尘仪利用微安表测出 I_0 和 I_1，查出煤尘的消光系数 K，设计出相应的电路以测定煤尘浓度。

4.2　粉尘分散度的测定

粉尘分散度是指粉尘中各种粒径的尘粒所占数量或质量的百分比。按数量计算的为数量分散度，按质量计算的为质量分散度。粉尘中小粒径所占百分比大，称为分散度高；反之，为分散度低。目前，常采用数量百分比来表达粉尘分散度。

粉尘在空气中的沉降速度、被人吸入的可能性，以及在肺部的滞留率等与粉尘分散度的高低有密切关系，直径大于 10 μm 的尘粒对人体危害较小；小于 10 μm，特别是小于 5 μm 的粉尘能侵入肺泡，引起尘肺病。因此，测定粉尘分散度对评价粉尘作业场所的劳动卫生条件有重要意义。我国煤矿粉尘分散度也是用数量分散度来表达的。一定量的粉尘中，各种粒径的粉尘又分为五个计算范围：小于 2 μm、2～5 μm、5～10 μm、10～20 μm、大于 20 μm。

粉尘数量分散度的测定方法一般有显微镜法、光电粒子计数器法以及粒谱仪法。现以常用的显微镜法——镜检法来介绍其测定方法和步骤。

4.2.1　所用仪器及材料

（1）生物显微镜。要求放大倍数为 660～675 倍。

（2）物镜测微计。最小分度值为 0.01 mm。

（3）目镜测微计。目镜测微计有尺形和网形两种，若用尺形测微计，要求最小分度值为 0.1 mm；若用网形测微计，要求最小分度值为 0.2 mm。

（4）25 mL 的瓷坩埚（或培养皿及其他小容器）及 5 mL 的玻璃吸管。

（5）尺寸为 75 mm×25 mm 的载物玻璃片及 25 mm×15 mm 的盖玻片。

（6）血球分类计数器。计数范围为 0～9999。

（7）纯度为分析纯的乙醇及符合 HG/T 3498—2014 分析的乙酸丁酯。

（8）粉尘沉降器和粉尘投影仪。

4.2.2　样品的制取方法

样品制作就其原理不同可分为三类：第一类为干式制样法，包括冲击式制样、干式分散制样；第二类为湿式制样法，包括滤膜涂片法、滤膜透明法；第三类为切片法。

在目前滤膜测尘广泛使用的情况下，为了使测定粉尘的浓度与分散度相配合，通常采用湿式制样法，即滤膜涂片法，具体方法如下：

（1）准备工作。

准备2个滴定瓶，一个装乙酸丁酯，另一个装乙醇。另准备药棉球若干、培养皿1个、载物片2个、小容器1个，将药棉球渗上酒精，清洗载物片，以待备用。

（2）含尘滤膜溶解。

将含尘滤膜取出，放入小容器中，用滴管滴入1～2 mL乙酸丁酯，用玻璃棒充分搅拌，制成均匀的粉尘混合液。

（3）涂片。

用盛酒精滴瓶中的滴管取混合液，滴1滴于载物片上，然后用另一个载物片推涂该滴混合液，形成均匀的薄膜，此时样品就制好了，可以进行测定工作。

4.2.3 测定方法

测定粉尘分散度时，必须在显微镜下观测或在粉尘投影仪上观测，前者为单人操作观测，后者为单人操作和多人观测。

4.2.3.1 显微镜观测

1. 目镜测微尺的标定

目镜测微尺用来测量粉尘大小的尺度。由于显微镜光学放大系统不同，目镜测微尺每个刻度放大的大小也不同，因此，使用前应用标准尺进行标定。

物镜测微尺是一标准尺度，该尺全长为1 mm，分成100等分，每等分10 μm，如图4－11所示。

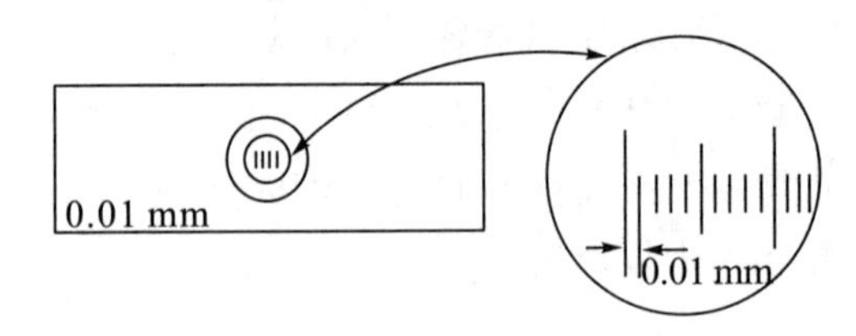

图4－11 **物镜测微尺**

标定方法是先将物镜测微尺放在显微镜载物台上，将目镜测微尺放在显微镜目镜筒内，先用低倍数物镜，将物镜测微尺调到视野正中，然后换成高倍数

（40X、60X、90X）物镜，调整好焦距，再调整载物台，使物镜测微尺的刻度和目镜测微尺刻度一端相互对齐（或某一刻度相互对齐），而向相反方向再找出另一相互对齐的刻度，计算两次对齐刻度间目镜测微尺及物镜测微尺的刻度数量，从而算出该放大条件下目镜测微尺刻度的微米数。两测微尺“0”点相互对齐，如图 4－12 所示，另一端，目镜测微尺的“30”与物镜测微尺的“13”相对，即目镜测微尺 30 个刻度的长度相当于物镜测微尺 13 个刻度的长度，则目镜测微尺每一个刻度的长度为

$$\frac{13\times 10}{30}\approx 4.33(\mu\text{m}) \tag{4-10}$$

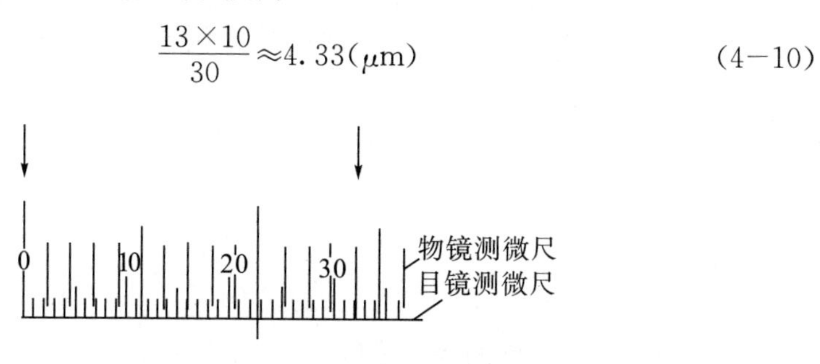

图 4－12　目镜测微尺标尺示意图

更换物镜或目镜时，要重新标定。

2. 利用显微镜进行测定

将准备好的样品放于显微镜的载物台上，用选定的目镜和物镜，调整好焦距，然后用目镜测微尺度量尘粒，如图 4－13 所示。观测时，样品的移动方向不变，量尘粒的定向粒径，按分散度的分级计数，测定时不应有选择，每一样品需要 200 粒以上，可用血球计数器分档计数。

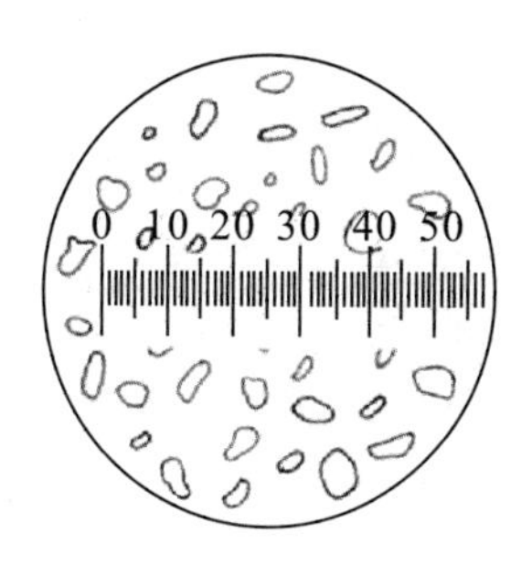

图 4－13　粉尘分散度测定示意图

4.2.3.2　粉尘投影仪观察

粉尘投影仪是专门为测定粉尘分散度设计的，包括显微镜、投影屏、光源和计数器四个部分，它与单一显微镜相比的最大优点是可以几个人同时观测。

该仪器的放大系统为一定值，放大倍数为500（12.5×40）倍。

投影屏上有刻度尺，刻度尺在水平位置的分度为5 μm，垂直位置的分度为2 μm、3 μm、6 μm，这样就可以测定不同粒度的粉尘颗粒。

操作和使用方法为：首先将显微镜放好，即光源通过物镜可以从投影屏上观察到。再将制好的样品放于载物台上，载物台上有坐标尺可使样品在上、下、左、右四个方向移动，慢慢调动微调旋钮，使粉尘颗粒在投影屏上清楚地显示出来。测定时，需要将样品定向移动（垂直或水平），每个样品计测不得少于200粒，一边测一边用血球计数器记录不同的粒度的颗粒数。

4.2.4 数据整理

数量分散度按下式计算：

$$P_{ni}=\frac{n_i}{\sum n_i}\times 100\% \tag{4-11}$$

式中 P_{ni}——第 i 粒度的数量分散度，%；

n_i——第 i 粒级的计测粒数，颗；

$\sum n_i$—— 总的计测粒数，颗。

若需要求算质量分散度，则可根据所测粉尘颗粒数进行计算。

当量质量为

$$w=n_i d_i{}^3 \tag{4-12}$$

式中 w——不同粒级的当量质量，mg。

n_i——第 i 粒级的计测粒数，颗。

d_i——代表粒径，μm。

质量分散度为

$$P_w=\frac{n_i d_i^3}{\sum w}=\frac{n_i d_i^3}{\sum n_i d_i^3}\times 100\% \tag{4-13}$$

式中 P_w——为质量分散度，%。

4.3 粉尘中游离二氧化硅含量的测定

游离二氧化硅是引起硅肺病的主要因素，粉尘对工作人员身体健康的危害程度，与游离二氧化硅的百分比直接相关。因此，在测定粉尘浓度和分散度的同时，必须了解粉尘中游离二氧化硅的含量，这样可针对危害程度大的工作场所加强防尘和降尘措施。

游离二氧化硅含量的测定方法有很多，按测定原理可分为矿物学法、物理法和化学法三种。物理法又可分为热差法、X 射线折射法和红外线光谱分析法等；化学法也有很多种，其中焦磷酸法较实用、操作简单、分析速度较快、成本低、测定结果准确。因此，目前我国矿井生产中常用这种方法来测定粉尘中游离二氧化硅的含量。

4.3.1　测试原理

焦磷酸法测定粉尘中游离二氧化硅含量是用焦磷酸溶解粉尘样品中的硅酸盐和金属氧化物等物质，而保留二氧化硅，通过称量求得含量。为了求得更精确的结果，可将焦磷酸处理后的残渣再用氢氟酸处理，经过这一处理过程后，粉尘所减轻的质量则为游离二氧化硅的含量。

4.3.2　所用仪器及材料

（1）25～30 mL 铂坩埚或瓷坩埚、50～100 mL 三角烧瓶、250～300 mL 硬质玻璃烧杯、300～500 mL 洗瓶。

（2）高温电炉、万用电炉或晃动加热器。

（3）250℃或 300℃满度的温度计、感量为 0.1 mg 的分析天平及直径为 60～70 mm 的漏斗。

（4）致密的无灰滤纸、pH 试纸及干燥器。

（5）纯度为化学纯的硝酸铵、盐酸及氢氟酸。

（6）焦磷酸。将 85％化学纯的磷酸放入硬质玻璃烧杯中加热到沸腾，逐渐蒸去水分，至 250℃不再冒泡为止，冷却待用。

4.3.3　测定方法

用焦磷酸法测量游离二氧化硅含量时，所需样品要在 200 mg 以上，煤矿作业环境要采集这样多浮游粉尘是不容易的，可采集呼吸带高度壁上或悬挂板上的粉尘，经烘干后研磨到 5 μm 以下，准确称取 100～200 mg 粉尘放入 50 mL三角烧瓶中，加入焦磷酸 15 mL，使其完全湿润，在万用电炉或晃动加热器上迅速加热到 245℃～250℃，持续 15 min，之后冷却至 40℃～50℃，将其倒入盛 100 mL、60℃～80℃蒸馏水的烧杯中，使其完全混合，再用热蒸馏水洗净三角烧瓶，将清洗液加入样液中，将样液稀释至 150～200 mL，搅拌均匀，煮沸、过滤，过滤完毕后，无灰滤纸上的沉淀用 0.1 mL/dm^3 盐酸洗 3～5 次，再用蒸馏水洗至中性为止，将滤纸和沉淀物置于恒定质量 W_k 的瓷坩埚内，先低温炭化，再移入高温电炉中以 800℃～900℃灼烧 30 min，冷却称量至恒定质量 W_g。

游离二氧化硅含量的百分数为

$$SiO_2(F) = \frac{W_g - W_k}{W_p} \times 100\% \tag{4-14}$$

式中 W_p——粉尘样品的质量，g；

W_k——空瓷坩埚的恒定质量，g；

W_g——瓷坩埚和沉淀物的总质量，g。

4.3.4 测定游离二氧化硅含量的允许相对误差

焦磷酸法分析二氧化硅均采用平行样品（操作同前），相对误差 η 是平行样品差值与平均值相比的百分数。

$$\eta = \frac{a_s - b_s}{\frac{a_s + b_s}{2}} \tag{4-15}$$

式中 a_s、b_s——平行样品各自游离二氧化硅的含量。

游离二氧化硅的允许相对误差见表 4-3。

表 4-3 游离二氧化硅的允许相对误差

游离二氧化硅的含量（%）	30～50	10～30	5～10
允许相对误差	2～3	3～8	8～15

第5章　矿井瓦斯灾害综合利用检测

矿井瓦斯是指从煤岩中放出气体的统称，它的主要成分通常是以甲烷为主的烃类气体。据苏联顿巴斯矿区统计，瓦斯中，甲烷占70%～96%，氮气占0.5%～3.0%，二氧化碳占0.3%～2.0%。

甲烷是无色、无味、无臭，可以燃烧和爆炸的气体，它对人呼吸的影响与氮气相似，即它的存在降低了空气中的氧气浓度，能造成人员窒息。甲烷对空气的比重为0.554，甲烷的扩散性较强，是空气的1.34倍，所以它能较快地散布于巷道空间，当它与空气混合时，就能脱离空气而上浮。在煤矿井下，甲烷容易积存在巷道顶板、顶板空洞或无风的盲巷内。根据空气中甲烷浓度和环境条件的不同，它可以缓慢燃烧，也可以速燃和爆炸。

5.1　矿井瓦斯基础知识

5.1.1　概述

5.1.1.1　*矿井瓦斯的概念*

矿井瓦斯是成煤过程中的一种伴生气体，是指煤矿井下以甲烷为主的有毒有害气体的总称，有时单独指甲烷。矿井瓦斯来自煤层和煤系地层，它的形成经历了两个不同的造气时期，从植物遗体到形成泥炭，属于生物化学造气时期；从褐煤、烟煤到无烟煤，属于变质作用造气时期。由于在生化作用造气时期泥炭的埋藏较浅，覆盖层的胶结固化也不好，因此，生成的气体通过渗透和扩散很容易排放到大气中，留存在煤层中的瓦斯只是其中的少部分。

5.1.1.2　*瓦斯的性质*

瓦斯的主要成分为甲烷，分子式为 CH_4，它是一种无色、无味气体。在标准状态（气温为 0℃，大气压为 1.01×10^5 Pa）下，1 m^3 甲烷的质量为 0.7618 kg，而 1 m^3 空气的质量为 1.293 kg。因此，瓦斯比空气轻，相对密度为 0.554，瓦斯有很强的扩散性，扩散速度是空气的 1.34 倍。巷道内瓦斯浓度的分布取决于其涌出源的分布和涌出强度。当无瓦斯涌出源时，瓦斯在井巷断面内的分布是均匀的；当有瓦斯涌出源时，在其涌出的侧壁附近瓦斯浓度会增高，巷道顶板、冒落区顶部往往积聚高浓度瓦斯，这时不仅要考虑瓦斯表现出的上浮力，还要考虑是否存在瓦斯涌出源问题。另外，瓦斯具有燃烧和爆炸性。

5.1.1.3 矿井瓦斯的危害

1. 瓦斯窒息

瓦斯本身虽然无毒，但当空气中甲烷浓度较高时，就会相应地降低空气中氧气的浓度。在压力不变的情况下，当甲烷浓度达到 43%时，氧气浓度就会降到 12%，人会感到呼吸困难；当甲烷浓度达到 57%时，氧气就会降到 9%，这时若有人误入其中，短时间内就会因缺氧窒息而死亡。因此，《煤矿安全规程》规定，凡井下盲巷或通风不良的地区，都必须及时封闭或设置栅栏，并悬挂“禁止入内”的警标，严禁人员入内。

2. 瓦斯的燃烧和爆炸

当瓦斯与空气混合达到一定浓度时，遇到高温火源就能燃烧或发生爆炸，一旦形成灾害事故，会导致大量井下作业人员伤亡，严重影响和威胁矿井安全生产，给国家财产和职工生命造成巨大损失。瓦斯爆炸事故是矿井五大自然灾害之首。

5.1.1.4 瓦斯的赋存

1. 瓦斯在煤层中的垂直分带

在漫长地质年代，变质作用过程中生成的瓦斯在其压力差与浓度差的驱动下不断向大气中运移，而地表空气通过渗透和扩散也不断向煤层深部运移，这就导致沿煤层垂深出现了特征明显的四个分带，即 CO_2—N_2带、N_2带、N_2—CH_4带和 CH_4带，如图 5-1 所示。按照各带的成因和组分变化规律，第Ⅰ带、第Ⅱ带、第Ⅲ带统称为瓦斯风化带，第Ⅳ带称为甲烷带。各带的气体成分与含量见表 5-1。

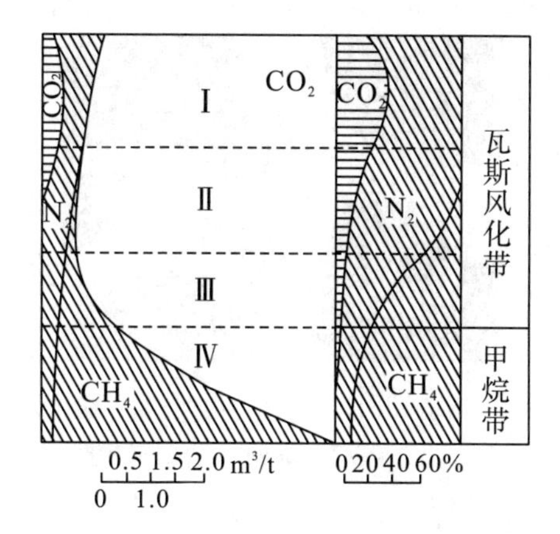

Ⅰ、Ⅱ、Ⅲ－瓦斯风化带；Ⅳ－甲烷带

图 5－1　煤层瓦斯垂向分带图

表 5－1　煤层垂直分带的气体成分与含量

名称	成因	瓦斯成分（%）		
		N_2	CO_2	CH_4
CO_2-N_2	物理－化学－空气	20～80	＞20	＜10
N_2	空气	＞80	＜10～20	＜20
N_2-CH_4	空气－变质	＜80	＜10～20	＜80
CH_4	变质	＜20	＜10	＞80

确定瓦斯风化带和甲烷带的深度十分重要，因为在甲烷带内，煤层中瓦斯含量、瓦斯压力以及在开采条件变化不大的前提下的瓦斯涌出量都随着深度的增加而有规律地增大。研究这些规律及影响因素，是防治矿井瓦斯灾害的基本工作之一。

2. 瓦斯的赋存

瓦斯在煤层及围岩中的赋存状态有两种：一种是游离状态，另一种是吸附状态，图 5－2 所示。

1—游离瓦斯；2—吸着瓦斯；3—吸收瓦斯；4—煤体；5—孔隙

图 5—2 煤层瓦斯赋存状态示意图

（1）游离状态。这种状态的瓦斯以自由气体状态存在于煤层或围岩的孔洞中，其分子可自由运动，处于承压状态。

（2）吸附状态。吸附状态的瓦斯按照结合形式的不同，又分为吸着状态和吸收状态。吸着状态是指瓦斯被吸着在煤体或岩体微孔表面，在表面形成瓦斯薄膜；吸收状态是指瓦斯被溶解于煤体中，与煤的分子相结合，即瓦斯分子进入煤体胶粒结构，类似气体溶解于液体的现象。

煤体中瓦斯的存在状态不是固定不变的，而是处于不断交换的动平衡状态，当条件发生变化时，这一平衡就会被打破。压力降低或温度升高使一部分吸附瓦斯转化为游离瓦斯的现象叫作瓦斯解吸。

5.1.2 煤层瓦斯含量

5.1.2.1 煤层瓦斯含量的概念

煤层瓦斯含量是指煤层在自然条件下单位重量或单位体积所含有的瓦斯量，一般用 m^3/t 或 m^3/m^3 表示。煤层瓦斯含量包括游离瓦斯和吸附瓦斯两个部分，其中游离瓦斯占 10%～20%，吸附瓦斯占 80%～90%。

5.1.2.2 煤层瓦斯含量的主要影响因素

煤层瓦斯含量受两个方面因素的影响：一是在成煤过程中伴生的气体量和煤的含瓦斯能力，二是煤系地层保存瓦斯的条件。

1. 煤的变质程度

煤的变质程度决定了成煤过程中伴生的气体量和煤的含瓦斯能力。煤的变质程度越高，生成的气体量越多，煤的微孔隙越多，总的表面积越大（1 kg 煤的孔隙表面积可达 200 m^2），吸附瓦斯的量越多，含瓦斯能力就越强。因此，在其他条件相同的情况下，变质程度高的煤层，瓦斯含量就多。煤的变质程度增高的顺序是：褐煤、烟煤、无烟煤。根据实验室测定，煤层含有瓦斯的最大能力一般不超过 60 m^3/t。

此外，煤层中的灰分和杂质也会降低煤层吸附瓦斯的能力。煤中的水分不仅占据了孔隙空间，而且占据了煤的孔隙表面，降低了煤的含瓦斯能力。

2. 煤系地层保存瓦斯的条件

当前煤层瓦斯含量主要取决于煤系地层保存瓦斯的条件。

（1）煤层有无露头。煤层有无露头对煤层瓦斯含量有很大影响。有露头时，一般存在瓦斯风化带，在该带内瓦斯沿煤层向大气中运移阻力较小，煤层的瓦斯很容易放散到大气中。所以，当地表有煤层露头时，该煤层的瓦斯含量会很低。

（2）煤层埋藏深度。煤层埋藏深度增加，保存瓦斯的条件就变好，煤层吸附瓦斯的能力就提高，瓦斯放散就越困难。在瓦斯带内，煤层的瓦斯含量和瓦斯压力随埋藏深度的增加而增大。瓦斯压力梯度是指煤层埋藏深度每增加 1 m，煤层内瓦斯压力的增大值。

（3）围岩的透气性。煤层上覆和下伏岩层的透气性，对煤层瓦斯含量影响很大。煤层被透气性很低的岩层包围，煤层的瓦斯放散不出去，瓦斯含量就多；反之，瓦斯含量就少。

（4）煤层的地质史。成煤有机物沉积后，直到如今的变质作用阶段，经历了漫长的地质年代。其间，地层多次下降或上升，覆盖层加厚或遭受剥蚀，海相与陆相交替变化并伴有地质构造运动等。这些地质过程的形式和持续的时间对煤层瓦斯含量影响很大。一般来说，以下降、覆盖层加厚和海相沉积为主要变化的地质活动过程，会导致煤层瓦斯含量增多；反之，煤层瓦斯含量减少。

（5）地质构造及其条件。闭合和倾伏的背斜或穹窿，通常是储瓦斯构造，在其轴部区域形成瓦斯包，即所谓的“气顶”。构造形成的煤层局部变厚的大型煤包，往往也是瓦斯包。断层对煤层瓦斯含量的影响与其性质有关，开放性断层（一般是指张性、张扭性或导水的压性断层等）会导致煤层瓦斯含量减少，封闭性断层（压性、压扭性或不导水断层）会导致煤层瓦斯含量增多。

煤层倾角小，瓦斯沿层运移的路径长，阻力大，煤层瓦斯不易流失，导致煤层瓦斯含量多；反之，则煤层瓦斯含量小。

地下水活跃的矿区，通常煤层瓦斯含量少。地下水对煤层瓦斯含量的减少作用表现在三个方面：一是长期的地下水活动带走了部分溶解的瓦斯；二是地下水渗透的通道同样可以成为瓦斯渗透的通道；三是地下水带走了溶解的矿物，使围岩及煤层卸压，透气性增大，造成了瓦斯的流失。

5.2 矿井瓦斯灾害

矿井瓦斯灾害（事故）是煤矿各类重大、特大事故中所占比重最大、死亡率最高、造成的损失最严重的自然灾害，也是对煤矿安全生产的主要威胁。矿井瓦斯灾害主要是指瓦斯涌出、瓦斯喷出、瓦斯突出和瓦斯爆炸等。从我国历年瓦斯事故分析来看，事故次数和死亡人数最多的是瓦斯爆炸，其次是煤与瓦斯突出。

5.2.1 矿井瓦斯涌出

当煤层采掘时，受到采动影响的煤层、岩层以及采落的煤、矸石，会有大量的吸附瓦斯不断解吸为游离瓦斯，涌到采掘空间，这就是瓦斯涌出。

5.2.1.1 矿井瓦斯涌出形式

矿井瓦斯涌出形式有普通涌出和特殊涌出。普通涌出是指瓦斯从煤岩层的暴露面上均匀、缓慢地涌出，范围广、面积大、时间长，是矿井瓦斯涌出的主要形式，在有积水的地方可以听到瓦斯涌出的吱吱响声或看见水中冒气泡。特殊涌出是指瓦斯喷出、煤与瓦斯突出。

5.2.1.2 矿井瓦斯涌出量

矿井瓦斯涌出量是指在开采过程中，实际涌到采掘空间中的瓦斯量。它仅指普通涌出，不包括特殊涌出。矿井瓦斯涌出量的表示方法有以下两种：

（1）矿井绝对瓦斯涌出量。

矿井绝对瓦斯涌出量是指单位时间内涌入采掘空间的瓦斯量，用 m^3/min 表示。

（2）矿井相对瓦斯涌出量。

矿井相对瓦斯涌出量是指在矿井正常生产条件下，月平均日产 1 t 煤所涌出的瓦斯量，用 m^3/t 表示。

5.2.1.3 影响矿井瓦斯涌出量的因素

矿井瓦斯涌出量并不是固定不变的，它随着自然条件和开采技术条件的变化而变化。

1. 煤层瓦斯含量

煤层瓦斯含量是影响矿井瓦斯涌出量的决定性因素。被开采煤层的原始瓦斯含量越多，其涌出量就越大。如果开采煤层附近有瓦斯含量多的围岩或煤层（即邻近层），由于采动影响，邻近层中的瓦斯就会沿采动裂隙涌入开采空间，导致实际瓦斯涌出量大于开采煤层的瓦斯含量。

2. 地面大气压力的变化

当大气压力突然降低时，采空区及裂隙中的瓦斯涌出量就会增加，此时必须加强对采空区和风墙等附近的瓦斯检查。

3. 开采规模

开采规模是指矿井的开采深度、开拓开采的范围以及矿井产量。开采深度越大，煤层瓦斯含量越多，瓦斯涌出量就越大；开拓与开采范围越广，瓦斯涌出的暴露面积越大，其涌出量就越大；当其他条件相同时，产量高的矿井瓦斯涌出量一般较大。

4. 开采顺序

厚煤层分层开采时，第一分层（上分层）的瓦斯涌出量最大，这是由于采动影响，其他分层中的瓦斯也会沿裂隙渗出。同理，煤层群开采时，先开采的煤层的瓦斯涌出量最大。

5. 采煤方法与顶板管理

机械化采煤时，煤的破碎较严重，瓦斯涌出量大。另外，采用回采率低的采煤方法，瓦斯涌出量就相对较大。采用全部陷落法管理顶板，其瓦斯涌出量比采用充填法管理顶板时大。

6. 生产工序

从煤岩暴露面上和采落的煤炭中，瓦斯涌出量是随时间的增长而衰减的，时间越短，瓦斯涌出量越大。因此，在同一采面，爆破或割煤时瓦斯涌出量最大，比该面平均涌出量可大1倍或几倍。

7. 通风压力

采用负压通风的矿井，风压越高，瓦斯涌出量越大；而采用正压通风的矿井，风压越高，瓦斯涌出量越小。

8. 采空区管理

一般来说，多数采空区都积存大量瓦斯，其管理方法和好坏程度对瓦斯涌出量的影响很大。

5.2.2 矿井瓦斯喷出

大量的承压状态的瓦斯从可见的煤、岩裂缝中快速喷出的现象叫作瓦斯喷出。瓦斯喷出在时间与空间上的集中性和突然性对安全生产的威胁很大。

5.2.2.1 瓦斯喷出的分类与特点

根据瓦斯喷出裂缝的显现原因，可将瓦斯喷出分为沿原始地质构造洞缝喷出和沿采掘地压形成裂缝喷出两类。

1. 瓦斯沿原始地质构造洞缝喷出

瓦斯沿原始地质构造洞缝喷出大多发生在地质破坏带（包括断层带）、石灰岩溶洞裂缝区、背斜或向斜轴部储瓦斯区，以及其他储瓦斯地质构造附近有原始洞缝相通的区域。

2. 瓦斯沿采掘地压形成裂缝喷出

瓦斯沿采掘地压形成裂缝喷出往往与地质构造有关，因为在各种地质构造应力破坏影响区内，原有处于封闭状态的构造裂隙在采掘地压与瓦斯压力联合作用下很容易扩展，成为瓦斯喷出的通路。

5.2.2.2 矿井瓦斯喷出的防治措施

开采有瓦斯或二氧化碳喷出的煤岩层时，必须采取下列防治措施：

（1）打前探孔或抽排孔。岩石井巷要揭穿有喷出危险的煤层时，应距煤层垂直距离 10 m 外开始打前探孔，钻孔超前工作面的距离不得小于 5 m。在有喷出危险的煤层中掘进时，可边打超前钻孔边掘进，通过前探孔探明是否有断层、裂缝、溶洞，以及分布位置和瓦斯储存情况。

（2）当喷出量较小时，可用增大风量的办法进行稀释，或通过引排管道把瓦斯引入回风流中。

（3）当喷出量较大时，可打钻孔抽放或封闭巷道进行抽放。

5.2.3 矿井煤与瓦斯突出

煤矿地下采掘过程中，在很短的时间内，从煤（岩）壁内部向采掘工作空间突然喷出大量煤（岩）和瓦斯（CH_4、CO_2）的现象，称为煤（岩）与瓦斯突出，简称突出。它是一种伴有声响和猛烈能效应的动力现象。它能摧毁井巷设施，破坏通风系统，使井巷充满瓦斯与煤粉，造成人员窒息、煤流埋人，甚至引起火灾和瓦斯爆炸事故。因此，矿井煤与瓦斯突出是煤矿中严重的自然灾害。

5.2.3.1 煤与瓦斯突出的分类及特征

1. 按突出现象的力学特征分类

（1）煤与瓦斯（沼气或二氧化碳）突出，简称突出。

（2）煤突然压出并涌出大量瓦斯，简称压出。

（3）煤突然倾出并涌出大量瓦斯，简称倾出。

这三类动力现象的原动力都以地应力为主，所以它们的预兆相似，对震动以及引起应力集中的因素都非常敏感。在应力集中带、地质构造带、松软煤带等都易发生这三类动力现象。

2. 按突出强度分类

突出强度是指每次突出现象抛出的煤（岩）数量（以 t 为单位）和涌出的瓦斯量（以 m^3 为单位）。由于瓦斯量的计量较难，暂以煤（岩）数量作为划分强度的主要依据。据此可分为以下几种类型：

（1）小型突出，强度小于 100 t。

（2）中型突出，强度为 100～500 t。

（3）大型突出，强度为 500～1000 t;

（4）特大型突出，强度大于等于 1000 t。

3. 煤层或区域突出危险程度的分类

实践证明，各煤层与煤层内各区域的突出危险程度不同，所以应对矿井和煤层或区域突出危险程度进行分类。

5.2.3.2 煤与瓦斯突出的预防措施

（1）开采解放层。

（2）预抽煤层瓦斯。

（3）煤层注水。

（4）超前钻孔。超前钻孔是指在工作面前方一定距离的煤体内，始终保有足够数量的较大直径的钻孔，用于预防突出的发生。

（5）松动爆破。松动爆破是在进行普通放炮时，同时爆破几个 7～10 m 的深孔炮孔，破裂与松动深部煤体，使应力集中带和高压瓦斯带移向深部，以便在工作面前方造成较长的卸压和排放瓦斯区，从而预防突出的发生。

（6）水力冲孔。

（7）多排钻孔。

（8）震动放炮。

5.2.4 矿井瓦斯爆炸

矿井瓦斯爆炸是煤矿特有的后果极其严重的一种灾害。这种灾害发生时，不仅会造成人员伤亡，而且会严重摧毁井下设施，中断生产。有时还会引起煤尘爆炸和井下火灾，从而加重灾害，使生产难以在短期内恢复。

5.2.4.1 矿井瓦斯爆炸的基本条件

1. 一定浓度的瓦斯

瓦斯在一定浓度范围内才能爆炸，该范围称为瓦斯爆炸界限。在新鲜空气中，瓦斯爆炸界限为5%～16%。

2. 一定温度的引火源

点燃瓦斯所需的最低温度称为引火温度。引火源能够引起瓦斯爆炸的条件是引火温度为650℃～750℃、能量大于0.28 mJ、持续时间大于爆炸感应期。引火温度越高，爆炸感应期就越短。

3. 足够的氧气含量

瓦斯、空气混合气体中的氧气浓度必须大于12%，瓦斯才能爆炸，否则爆炸反应不能持续。

5.2.4.2 矿井瓦斯爆炸的防治措施

由瓦斯爆炸的三个基本条件来看，氧气浓度条件在井下总能满足，因此，防止瓦斯的积聚和引火源出现，就能预防瓦斯爆炸事故发生。

1. 防止瓦斯积聚

（1）及时处理局部积聚的瓦斯。

（2）巷道积聚瓦斯的处理方法。

（3）盲巷积聚瓦斯的处理方法。

2. 防止瓦斯引燃

（1）防止明火。

（2）防止电火。

（3）防止炮火。

3. 防止瓦斯爆炸事故扩大

井下一旦发生瓦斯爆炸，应尽量控制事故，防止扩大，减少损失。因此，防止瓦斯爆炸事故扩大的措施应集中在灾害发生前的预备设施和灾害发生时的快速反应上，这需要平时做好防范工作和应急预案，具体如下：

（1）建立完善合理、抗灾能力强的矿井通风系统。

（2）安设防爆门。

（3）安设反风装置。

（4）携带自救器。

（5）编制灾害预防与处理计划。

5.3　矿井瓦斯综合利用

随着矿井开采深度与开采强度增加，矿井瓦斯涌出量将日益增大，仅用增大风量的办法稀释瓦斯，有时不仅在经济上不合算，而且在技术上也不合理，尤其在高瓦斯、突出矿井中，突出危害严重威胁着工作人员的生命安全，制约着矿井的正常生产。所以必须采用抽放的方法来减少开采时的瓦斯涌出量，降低通风费用，同时抽出的瓦斯可作为燃料或工业原料。抽放原始煤体瓦斯还可以防止煤和瓦斯突出。因此，条件适合的矿井应尽量采取抽放瓦斯措施。

5.3.1　矿井瓦斯抽放条件

《煤矿安全规程》第一百八十一条规定如下：

突出矿井必须建立地面永久抽采瓦斯系统。有下列情况之一的矿井，必须建立地面永久抽采瓦斯系统或者井下临时抽采瓦斯系统：

（一）任一采煤工作面瓦斯涌出量大于 5 m^3/min，或任一掘进工作面瓦斯涌出量大于 3 m^3/min，且用通风方法解决瓦斯问题不合理的；

（二）矿井绝对瓦斯涌出量达到下列条件的：

1. 大于或者等于 40 m^3/min；
2. 年产量 1.0～1.5 Mt 的矿井，大于 30 m^3/min；
3. 年产量 0.6～1.0 Mt 的矿井，大于 25 m^3/min；
4. 年产量 0.4～0.6 Mt 的矿井，大于 20 m^3/min；
5. 年产量小于或者等于 0.4 Mt 的矿井，大于 15 m^3/min。

5.3.2　矿井瓦斯抽放方法

矿井瓦斯抽放方法按抽出瓦斯来源分为：①本煤层抽放；②邻近层抽放；③采空区抽放；④围岩抽放。

本煤层抽放是在煤层开采之前或采掘的同时进行抽放的方法，可以通过钻孔预先抽放或随掘随抽。边采边抽（或称随采随抽）钻孔布置方式如图 5－3 所示。

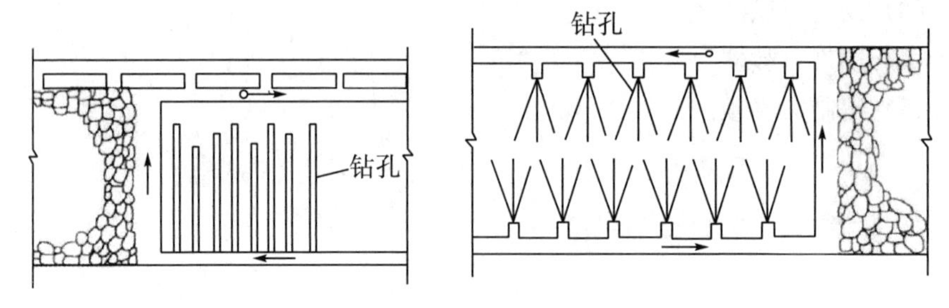

图 5－3　边采边抽钻孔布置方式

邻近层抽放是从开采层或围岩大巷中向邻近煤层打钻孔抽放的方法，如图 5－4（a）（b）所示。

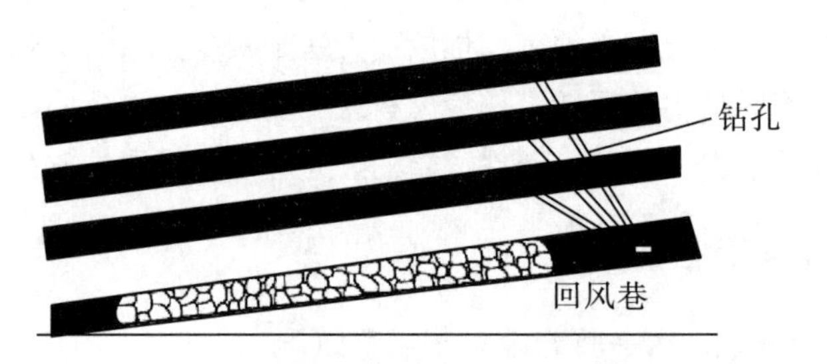

（a）上邻近层瓦斯抽放钻孔位置布置

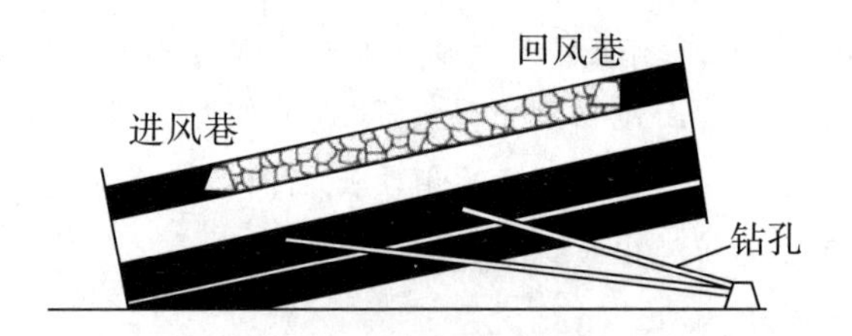

（b）下邻近层瓦斯抽放钻孔位置布置

图 5－4　邻近层瓦斯抽放钻孔位置布置

若邻近层处于采煤产生的顶板小裂隙带内，抽放效果最好。采空区抽放可以是回采工作面采空区抽放和回采结束后的采空区抽放，如图 5－5 所示。

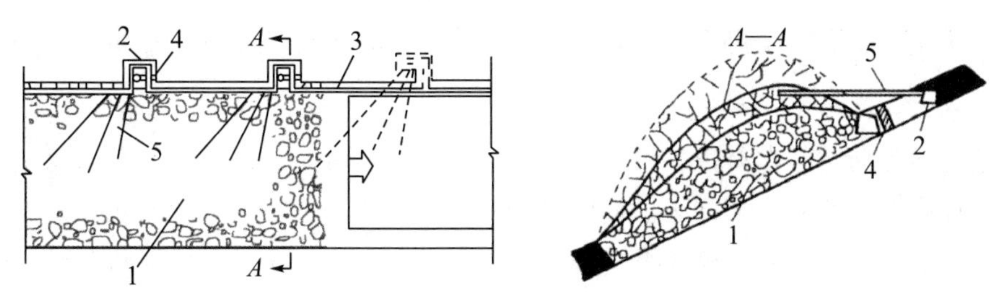

1—采空区；2—钻场；3—抽放瓦斯管路；4—密闭；5—钻孔

图 5—5　回采工作面采空区瓦斯抽放

5.4　矿井瓦斯检测

为了防止瓦斯事故，必须了解和掌握矿井瓦斯涌出情况，及时发现和处理瓦斯超限或积聚等隐患，所以加强矿井瓦斯检测是煤矿治理瓦斯工作最积极、最根本的措施之一。

矿井瓦斯检测的方法分为以下三类：

（1）实验室分析。从井下采气取样，在地面实验室使用气体分析仪、气相色谱仪进行定量分析。这种方法的精度高，但操作复杂、时间较长，一般用于精度高的场合。

（2）便携式仪器分析。便携式测定仪器可在井下进行实时检测。这种方法的精度虽差一些，但一般都能满足生产要求，操作简易、快捷，一般用于精度不太高的场合及生产检测。

（3）瓦斯监测。使用自动化的遥测或监测系统，远距离、定点、长期、连续自动检测瓦斯浓度，并且自动记录，超限报警与控制断电、供风等。这种方法的精度稍差，但可以得到系统的瓦斯浓度动态资料，用于遥测、监测、自动控制场合，是瓦斯检测技术发展的方向。

5.4.1　光学瓦斯检定器

5.4.1.1　光学瓦斯检定器的特点及构造

1. 光学瓦斯检定器的特点

光学瓦斯检定器是用来测定瓦斯浓度，也是测定其他气体（如二氧化碳等）浓度的一种仪器。按其测量瓦斯浓度的范围分为 0%～10%（精度 0.01%）和 0%～100%（精度 0.1%）两种。光学瓦斯检定器的特点是携带方便、操作简单、安全可靠，且有足够的精度，但构造复杂、维修不便。

2. 光学瓦斯检定器的构造

光学瓦斯检定器有很多种类，我国生产的主要有 AQG 型和 AWJ 型，其外形和内部构造基本相同。下面以 AQG－1 型瓦斯检定器为例进行说明。

AQG－1 型瓦斯检定器的外形是一个矩形盒子，由气路、光路和电路三大系统组成，如图 5－6 所示。

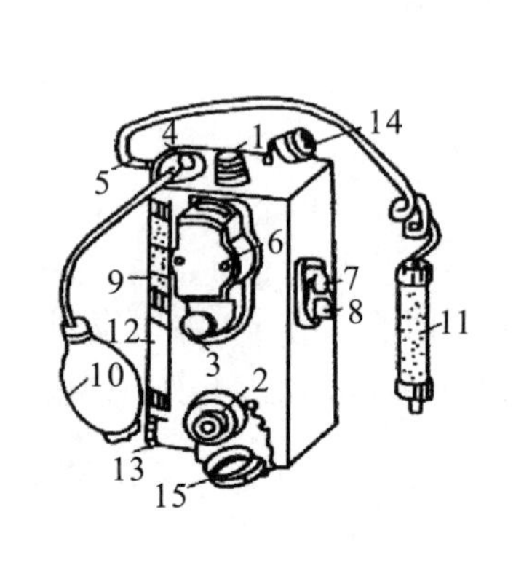

(a) 外形图

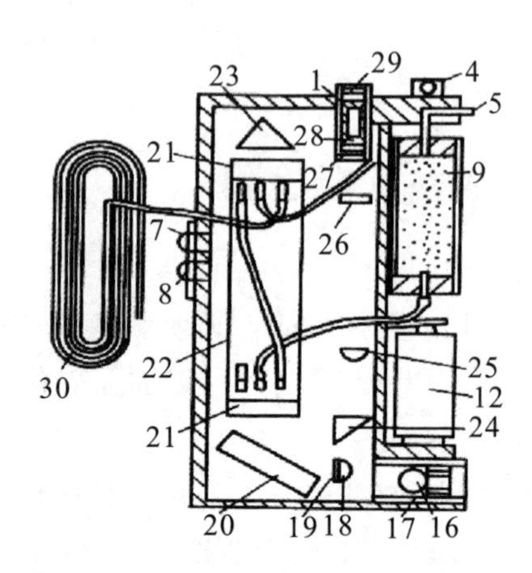

(b) 内部构造

1－目镜；2－主调螺旋；3－微调螺旋；4－吸气管；5－进气管；6－微读数观察窗；7－微读数电门；8－光源电门；9－水分吸收管；10－吸气橡皮球；11－二氧化碳吸收管；12－干电池；13－光源盖；14－目镜盖；15－主调螺旋盖；16－灯泡；17－光栅；18－聚光镜；19－光屏；20－平行平面镜；21－平面玻璃；22－气室；23－反射棱镜；24－折射棱镜；25－物镜；26－测微玻璃；27－分划板；28－场镜；29－目镜保护盖；30－毛细管

图 5－6　AQG 光学瓦斯检定器

(1) 气路系统。由吸气管 4、进气管 5、水分吸收管 9、二氧化碳吸收管 11、吸气橡皮球 10、气室（包括瓦斯室和空气室）22 和毛细管 30 等组成。其主要部件的作用：气室用于分别存储新鲜空气和含有瓦斯或二氧化碳的气体；水分吸收管内装有氯化钙（或硅胶），用于吸收混合气体中的水分，使之不进入瓦斯室，以使测定准确；毛细管的外端连通大气，其作用是使测定时的空气室内的空气温度和绝对压力与被测地点（或瓦斯室内）的温度和绝对压力相同，又使含瓦斯的气体不能进入空气室；二氧化碳吸收管内装有颗粒直径为 2~5 mm 的钠石灰，用于吸收混合气体中的二氧化碳，以便准确地测定瓦斯浓度。

(2) 光路系统。如图 5－7 所示。

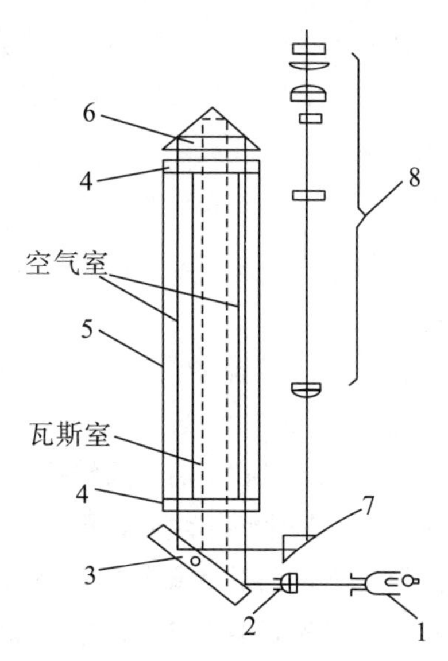

1－光源；2－聚光镜；3－平面镜；4－平行玻璃；5－气室；
6－折光棱镜；7－反射棱镜；8－望远镜系统

图 5－7　AQC－1 型瓦斯检定器的光路系统图

(3) 电路系统。其功能和作用是为光路供给电源。由干电池 12、灯泡 16、光源盖 13、光源电门 8 和微读数电门 7 组成。

5.4.1.2　光学瓦斯检定器的工作原理

光学瓦斯检定器是根据光干涉原理制成的。按照如图 5－7 所示的光路系统，其工作原理为：由光源 1 发出的光，经聚光镜 2 到达平面镜 3，并经其反射与折射形成两束光，分别通过空气室和瓦斯室，再经折光棱镜 6 折射到反射棱镜 7，再反射给望远镜系统 8。由于光程差，在物镜的焦平面上将产生干涉条纹。

由于光的折射率与气体介质的密度有直接关系，如果以空气室和瓦斯室都充入新鲜空气产生的条纹为基准（对零），那么，当含有瓦斯的空气充入瓦斯室时，由于空气室中的新鲜空气与瓦斯室中含有瓦斯的空气的密度不同，它们的折射率则不同，因而光程也就不同，于是干涉条纹产生位移，从目镜中可以看到干涉条纹移动的距离。由于干涉条纹的位移大小与瓦斯浓度的高低成正比，所以根据干涉条纹的移动距离就可以测得瓦斯的浓度。在分划板上读出位移的大小，其数值就是测定的瓦斯浓度。

5.4.1.3 光学瓦斯检定器的使用方法

测定瓦斯（或其他气体）的准确程度，除取决于仪器的精度外，还在很大程度上取决于能否正确使用仪器。因此，在实际测试工作中，要熟悉仪器的性能和掌握仪器的使用方法。

1. 使用前的准备工作

使用光学瓦斯检定器之前，必须做好下列准备工作：

（1）对药品进行效能检查。

为了吸收被测气体中的水分，仪器的内吸收管（又称干燥管或水分吸收管）中装入了药品无水氯化钙（$CaCl_2$）或变色硅胶，无水氯化钙是一种白色多孔的吸潮能力极强的干燥剂，它吸收水后，易结块，因此，从氯化钙的颗粒形状就可以判断药品是否失效，氯化钙结块后，影响管中气流通过，易造成干涉条纹跑正或跑负。一般情况下，药品的颗粒度控制在 3～5 mm 为宜，颗粒度太小，粉末太多，容易进入气室；颗粒度太大，药品不能充分发挥吸收能力。硅胶由蓝变红则失效。

在仪器的外吸管中（二氧化碳吸收管）装入的是钠石灰，又称碱石灰，这是氢氯化钙与氢氯化钠（或钾）的一种混合物。该混合物为含有变色指示剂的粉红色颗粒（粒度为 3～5 mm），极易吸收二氧化碳，吸收后则变为淡黄色。

（2）对各部分进行气密性检查。

首先检查吸气球是否漏气，用手捏扁吸气球，再将吸气球的进气口胶管卡死，松开吸气球，若球体不鼓起，则不漏气。然后检查检定器是否漏气，堵住检定器进气孔，捏扁吸气球，若球体不鼓起，则不漏气。最后打开检定器进气孔，捏放吸气球，检查气路是否通畅。

（3）对光路系统进行检查。

装好电池后，按下开关，从目镜中观察分划板刻度是否清晰，若不清晰，可旋转目镜调整视度直到数字最清晰。之后观察干涉条纹是否清晰，若不清晰，可将光源灯泡盖打开，稍微转动灯泡座，直至清晰为止。将干涉条纹调好后，再将微读数电门按下，观察微读数的灯泡是否发光正常。

（4）用新鲜空气清洗气室。

使用仪器之前，必须在与测定地点温度相近（温差不超过 10℃）的新鲜空气（一般在井下进风大巷中）中清洗瓦斯室。原因主要有两点：第一，不同温度的气体具有不同的折射率，因此，当对零和测试地点温度相差太大时，会引起一定的测试误差；第二，这种仪器对温度的变化比较敏感，温度变化会导致对好零点的条纹移动，清洗时用手捏放吸气球 5～6 次，使瓦斯室中被充以与空气室成分相同的新鲜空气。

（5）干涉条纹基准调整——仪器零位调整（对零）。

在清洗气室的基础上，首先按下微读数电门，同时逆时针转动微调螺旋，观察微读数观察窗，使微读刻盘的零位线与指示线重合，之后松开微读数电门，按下光源电门，同时转动主调螺旋，通过目镜保护盖，观察干涉条纹，把干涉条纹中最清楚的一条黑色条纹与分划板上的零位线对准（相重合），并记住所对的黑条纹（在干涉条纹中有两条黑色条纹）。其次将主调螺旋盖拧上，之后在整个测试工作中，一般不允许打开，以免零位变动。

2. 具体测定

（1）瓦斯浓度测定。

将对好零位的仪器拿到瓦斯测定地，即可对空气中的瓦斯含量进行测定。测定时，用手将吸气球捏放 5～6 次，使待测气体进入瓦斯室，按下光源电门，从目镜中观察干涉条纹的移动情况。例如，原对零位时的黑色条纹移动到 2%～3%之间，则先读取整数 2%，转动微调螺旋（在按下光源电门的状态下）使基准黑线条纹后退到整刻度线上，即 2%～3%中的 2%；然后松开光源电门，按下微读数电门，从微读数观察窗上读取小数点以后的读数，如从微读数观察窗上读数为 0.32%～0.34%之间，可读为 0.33%。故测定结果为 2%＋0.33%＝2.33%。测定完毕，仍将微读数恢复到零。

（2）二氧化碳浓度的测定。

①在没有瓦斯存在而二氧化碳浓度较高的矿井中，测定二氧化碳浓度时，一定要将装有二氧化碳吸收剂的外吸收管去掉，只用装有硅胶或氯化钙的内吸收管来吸收水蒸气。其测定方法步骤与测定瓦斯相同。但仪器在出厂时的分划板、刻度盘均是在测定瓦斯的情况下标定的。因此，用于测定其他气体浓度时，仪器的读数并不是被测气体的实际浓度，还必须进行换算，即对测定结果乘一个换算系数 K。K 按下式求得：

$$K=\frac{\mu_g-\mu_a}{\mu_x-\mu_a} \tag{5-1}$$

式中　μ_g——瓦斯在标准状态（101.325 kPa，20℃）下的折射率；

μ_a——空气在标准状态下的折射率；

μ_x——被测气体在标准状态下的折射率，对于二氧化碳，K＝0.952。

矿井常见气体在标准状态下的折射率见表 5－2。

表 5－2　矿井常见气体在标准状态下的折射率

气体名称	新鲜空气	CO_2	CH_4	H_2	SO_2	H_2S	CO	O_2	H_2O（水蒸气）
折射率	1.000272	1.000418	1.000411	1.000129	1.000671	1.000576	1.000311	1.000253	1.000255

②在瓦斯和二氧化碳混合（并存）的条件下，测定二氧化碳（或瓦斯浓度）时，必须先测定瓦斯和二氧化碳的混合浓度，其方法是不用外吸收管，只用内吸管来吸收水蒸气，测定步骤与前述相同，得到的测定值为瓦斯和二氧化碳的混合浓度，然后将仪器接上外吸收管，利用外吸收管将被测气体中的二氧化碳吸收掉，所测的值为瓦斯浓度。把两次测定结果相减，将其差乘二氧化碳的换算系数 K，便可得到被测气体中二氧化碳的实际浓度。例如，第一次测得的混合气体浓度为 3.50％，第二次测得的瓦斯浓度为 3.00％，则二氧化碳的实际的浓度应为：(3.50－3.00)％×0.952＝0.48％。

3. 温度、压力及氧气含量对测试结果的影响

（1）温度、压力的影响。

由物理学知，在温度、大气压力不变的条件下，气体的折射率才是一个常数。若温度和大气压力发生变化，气体的折射率会随之变化。这说明，在大气压力为 101.325 kPa、温度为 20℃的状态下使用仪器，其测定值（仪器的读数）才是瓦斯的真正浓度。如果仪器不是在这种气体状态下使用，则其读数就不是瓦斯的真正浓度。要得到瓦斯的真正浓度，就要根据具体测定的气体状态参数（P、T）进行计算，即

$$X_{标}=\frac{T}{293}\cdot\frac{101.325}{P}\cdot x \tag{5-2}$$

式中　$X_{标}$——在 20℃、101.325 kPa 的气体状态下瓦斯的真实浓度。

在一般条件下或日常测定中，可将仪器的测定值当作真实浓度。当要求高或测定地点的气压、温度条件比较特殊时，才用式（5－2）进行修正。

（2）氧气含量的影响。

光学瓦斯检定器在设计和标定时，规定气室中的空气符合正常大气成分的标准。大气成分主要是氮气和氧气，其中氮气为 79％，氧气为 20.96％，其他成分甚微。因此，在严重缺氧地区（如密闭或火区内）及高原地区，空气成分变化较大，会出现仪器读数与真实浓度偏差很大的情况。有关试验表明，空气中氧气浓度降低 1％，瓦斯浓度测定结果偏大约 0.2％。在这种情况下，最好抽取待测气体样本，采用化学分析方法来测定瓦斯浓度。

5.4.2 便携式甲烷检测仪

5.4.2.1 便携式甲烷检测仪的特点和种类

便携式甲烷检测仪是一种可携带、可连续自动测定（或点测）环境中瓦斯浓度的全电子仪器，具有操作方便、读取直观、工作可靠、体积小、质量轻、维修方便等特点。

便携式甲烷检测仪的种类有很多，习惯上按检测原理进行分类，主要分为热催化（热敏）式、热导式及半导体气敏元件三大类。便携式甲烷检测仪的测量范围一般为 0.0%～4.0%或 0.0%～5.0%，用于低浓度瓦斯的测定。热导式甲烷检测仪的元件寿命长，不存在催化剂中毒等现象，其测量范围为 0%～100%。

5.4.2.2 便携式甲烷检测仪的构造和工作原理

1. 热催化式甲烷检测仪

热催化（热效）式甲烷检测仪由传感器、电源、放大电路、报警电路、显示电路等部分构成，其中传感器（也称为元件）是仪器的主要部分，它直接与环境中的瓦斯接触反应，把瓦斯的浓度值变成电量，由放大电路放大后送给显示电路和警报电路。

热催化式传感器是用铂丝按一定几何参数绕制的螺旋圈，外部涂以氧化铝浆并经煅烧而成的一定形状的耐温多孔载体。其表面浸渍一层铂、钯催化剂。因为这种检测元件表面呈黑色，所以又称为黑元件。除黑元件外，在仪器的甲烷检测室中还有一个与检测元件构造相同，但表面没有涂催化剂的补偿元件，称为白元件。黑、白两个元件分别接在一个电桥的两个相邻桥臂上，而电桥的另外两个桥臂分别接入适当的电阻，它们共同组成测量电桥，如图 5－8 所示。

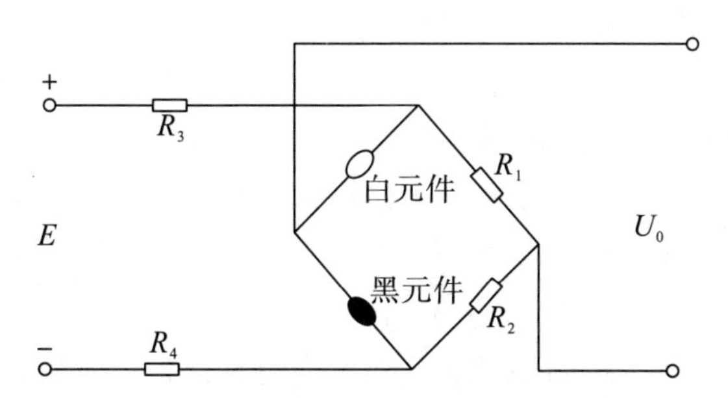

图 5－8　AQC－1 型热催化式甲烷检测仪电路原理图

当一定的工作电流通过检测工作（黑元件）时，其表面即被加热到一定温度，而这时当含有瓦斯的空气接触到检测元件表面，便被催化燃烧，燃烧放出的热量又进一步使元件的温度升高，导致铂丝的电阻值明显增加，于是电桥就失去平衡，输出一定的电压。在瓦斯浓度低于4%的情况下，电桥输出的电压与瓦斯浓度基本上成正比关系，所以可根据测量的电桥输出电压大小测算出瓦斯浓度；当瓦斯浓度超过4%时，输出电压就不再与瓦斯浓度成正比关系。因此，按这种原理做成的甲烷检测仪只能测定低浓度瓦斯。

2. 热导式甲烷检测仪

热导式甲烷检测仪与热催化式甲烷检测仪的构造基本相同，也是由传感器、电源、放大电路、报警电路及显示电路组成，区别在于两种仪器的传感器构造和原理不同。

热导式传感器是根据矿井气体的导热系数随瓦斯含量的变化而变化的特性，通过测量这一变化来达到测定瓦斯含量的目的。通常仪器是通过某种热敏元件将因混合气体中待测成分的含量变化所引起的导热系数的变化转变成电阻值的变化，再通过平衡电桥来测定这一变化。其原理如图5－9所示。

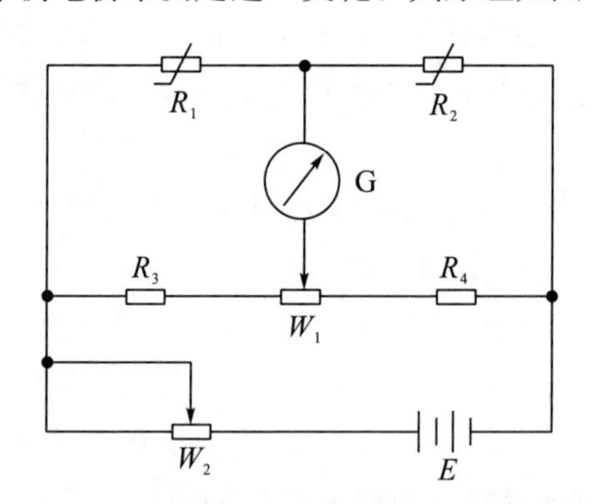

图5－9　热导式甲烷检测仪电路原理图

图5－9中，R_1和R_2为热敏电阻，分别置于同一气室的两个小孔腔中，它们和电阻R_3、R_4共同构成电桥的四个臂。放置R_1的小孔腔与大气连通，称为比较室。工作室和比较室在尺寸、形状和结构上完全相同。

在无瓦斯的情况下，由于两个小孔腔的各种条件相同，两个热敏元件的散热状态也相同，电桥处于平衡状态，电表G上无电流通过，指示值为零；当含有瓦斯的气体进入气室与R_1接触后，由于瓦斯比空气的导热系数大、散热好，故使其温度下降、电阻值减少，而被密封在比较室内的R_2阻值不变，于是电桥失去平衡，电表G中便有电流通过。瓦斯含量越高，电桥越不平衡，输出的电流就越大。根据电流大小便可得出矿井气体中的瓦斯含量。利用这种原理制成的甲烷检测仪，一般用于测定高浓度瓦斯。

5.4.2.3　便携式甲烷检测仪的使用

每次使用便携式甲烷检测仪前都必须充电，以保证可靠工作。使用时，首先在清洁空气中打开电源，预热 15 min，观察指示是否为零，如有偏差，则需调整电位器使其归零。

1. 使用方法和步骤

测量时，用手将仪器的传感器部位举到或悬挂在测量处，经十几秒钟的自然扩散，即可读取瓦斯浓度的数值；也可由工作人员随身携带，在瓦斯超限发出声光报警时，再重点监视环境瓦斯，或采取相应措施。

2. 使用时应注意的事项

（1）要保护好仪器，在携带和使用中严禁摔打、碰撞，严禁被水浇淋或浸泡。

（2）若使用中发现电压不足，应立即停止使用仪器，否则将影响仪器正常工作，并缩短电池使用寿命。

（3）对仪器的零点测试精度及报警点应定期（一般为一周或一旬）进行校验。

（4）当环境中瓦斯浓度和 H_2S 含量超过规定值后，应停止使用仪器，以免损坏元件。

（5）检查过程中，应注意顶板支护及两帮情况，防止伤人事故发生。

（6）当瓦斯浓度或氧气浓度超过规定限度时，应迅速退出并及时处理或汇报。

（7）当闻到其他特殊异杂气味时，要迅速退出，注意自身安全。

3. 常见故障与排除

（1）打开开关后若无显示，可能是线路中断，也可能是电池损坏，应维修或重换新电池。

（2）显示时隐时现，可能是电池接触不良，应重修开关或装电池。

（3）如果显示不为零，调零电位仍无法归零，则应找专职人员修复调校。

5.4.2.4　便携式甲烷检测仪的日常维护

（1）要爱护仪器，经常保持仪器的清洁。

（2）及时进行校验，以保持其精度。

(3) 应在通风干燥处保存。

(4) 当发现电池无电时，应及时充电，以防损坏电池。

5.4.3 便携式甲烷检测报警仪和甲烷断电仪

便携式甲烷检测报警仪是一种可连续测定环境中瓦斯浓度并能自动发出声光报警的电子仪器，测量范围一般为0%～4%或0%～5%，可随身携带，也可悬挂在工作场所。

甲烷断电仪是用于矿内连续监测瓦斯浓度的一种现代化电子仪器。当瓦斯浓度达到设定值时，可发出声光报警信号并自动切断控区内的电源，防止电器设备产生火花引起瓦斯爆炸。传感器安装在井下需监测瓦斯的地点，垂直悬挂在棚梁下300 mm处；主机安装在供电方便且便于观察、调试、检验、支护好、无滴水的入风巷或峒室中；声光箱应吊挂在易被人看到且距棚300～400 mm处。

《煤矿安全规程》规定，没有装备矿井安全监控系统的矿井的采煤工作面，必须装备甲烷断电仪，高瓦斯矿井和突出矿井的采煤工作面上隅角必须设置便携式甲烷检测报警仪等。

5.4.4 甲烷遥测仪

甲烷遥测仪是在甲烷检测报警仪和甲烷断电仪的基础上，将井下所测得的瓦斯浓度值通过传输系统传送到地面监测中心站，并能在井下瓦斯浓度超限时发出声光报警信号的装置。它不仅具有甲烷检测报警仪和甲烷断电仪的全部功能，而且能把监测数据自动传输到地面中心站，为记录、研究矿井瓦斯情况提供便利条件。其主要装置有传感器、发送机、井下声光报警器、接收机、自动记录仪和低通滤波器等，测量范围为0%～4%。

第 6 章　矿井内因火灾防治检测

矿井内因火灾是由煤炭等自燃物质在空气中氧化发热，并集聚热量而引起的火灾。它不存在外界引燃的问题，故又称为自燃火灾。

我国煤矿大多数火灾是自燃火灾，占火灾总数的 70%～75%，达到 1.29 次/百万吨原煤，自然发火率之高，几乎居世界之首。另据资料统计，自然发火矿井占全国统配矿井总数的 47%，重大矿井火灾事故几乎年年发生。所以要有效防治矿井内因火灾的发生，就必须有一套科学检测和监测火灾事故的措施和手段。

6.1　矿井内因火灾防治

6.1.1　矿井内因火灾的基本要素

矿井内因火灾不是因外界引燃而发生的自燃火灾，其形成必须具备以下三个基本要素：

（1）具有低温氧化特性即自燃倾向性的煤呈碎裂状态堆积存在。

（2）通风供氧维持煤的氧化过程不断发展。

（3）在煤的氧化过程中生成的热量大量蓄积，难以及时放散。

低温氧化特性是煤的一个自然属性。试验证明，低温氧化性能强的煤炭，自燃倾向性较大。具有自燃倾向性的煤炭，只要存在有利于煤炭氧化进程发展的时间和热量积蓄的条件与环境，自燃现象便会发生。

6.1.2　煤炭自燃过程

煤炭自燃过程一般可分为三个阶段，即潜伏阶段、自热阶段、燃烧阶段，如图 6－1 所示。

6.1.2.1 潜伏阶段

煤炭在常温下能吸附空气中的氧，并在煤的表面生成不稳定的氧化物，此时生成的热量很少，能及时放散，所以煤体温度不会升高。但煤体的重量略有增加，而且煤体被活化，煤体的着火温度降低，人们通常将此阶段称为潜伏期。

6.1.2.2 自热阶段

经过潜伏期，煤的氧化速度加快，如果氧化生成的热量来不及放散，积热煤体温度将逐渐升高。同时，煤体周围空气中氧气浓度降低，出现一氧化碳和二氧化碳。特别在自热阶段后期，煤体周围会温度上升，产生雾气，并放出各种碳氢化合物，人们通常将此阶段称为自热期。

6.1.2.3 燃烧阶段

经过自热期，若煤体温度继续升高，当达到某一数值——临界温度 T_0（一般为 70℃～100℃）时，煤体氧化急剧加快，产生大量的热能，使煤体温度迅速上升，当达到煤炭的着火温度时就开始进入燃烧阶段。

在煤的燃烧阶段，如果在达到临界温度之前，供氧减速，散热加快，则煤体升温过程可以终止，煤体逐渐冷却，并继续氧化成惰性的风化状态，如图 6—1 中虚线部分所示。

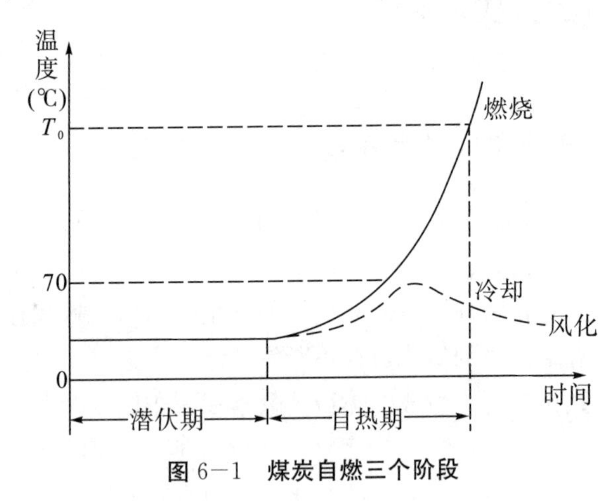

图 6—1 煤炭自燃三个阶段

6.1.3 煤炭自燃的防治措施

6.1.3.1 开采技术措施

从预防煤炭自燃的角度出发，对开采方法的要求：煤层暴露面积和切割最小，煤炭回采率最大；工作面推进速度最快，封闭采空区最容易。为满足上述要求，通常采取下列技术措施：

（1）合理地进行开拓布置。

（2）选择合理的采煤方法。

（3）选择合理的开采顺序。

6.1.3.2　通风措施

正确选择通风系统，减少漏风，对防止煤炭自燃的发生有重要作用，具体措施如下：

（1）选择合理的通风系统。

（2）实行分区通风。

（3）运用均压法进行风窗调压、风机调压、风窗－风机调压、气室（单、双气室）调压和连通管路调压。

（4）封闭已采火区。

6.1.3.3　预防性灌浆

预防性灌浆是预防煤炭自燃灾害的传统措施，也是应用最为广泛且最有效的措施。预防性灌浆大致分为采前预灌、随采随灌和采后灌浆三种类型。

6.1.3.4　喷洒阻化剂

阻化剂也称为阻氧剂，是具有阻止氧化和防止煤炭自燃作用的一些盐类物质，如氯化镁、氯化铵和水玻璃等。阻化剂按防火工艺可分为喷洒阻化剂、压注阻化剂和雾化阻化剂。采用阻化剂防灭火应遵守《煤矿安全规程》第二百三十五条的规定。

6.1.3.5　注凝胶材料

注凝胶材料是通过压注系统将基料（水玻璃）和促凝剂（铵盐）按一定比例与水混合后，注入煤体中凝结固化，起到堵漏和防火的目的，适用于井下小范围煤体自燃火灾的防治。

6.1.3.6　注惰性气体

惰性气体是将不能助燃也不能燃烧的惰性气体注入已封闭或有自燃危险的区域，降低氧气浓度，使火区因含氧量不足而熄灭，或者使采空区遗煤因含氧量不足而不能氧化自燃。

6.1.3.7　巷道局部充填

巷道局部地区（如片帮、冒顶地点等）是煤炭自燃易发生地方，因此，对此处用木板、笆片等进行隔绝，然后用砂、黄土或泥浆充填密实。

6.2 矿井内因火灾检测

通过上述分析可知，矿井内因火灾一般都是由低温到高温，由阴燃到明火燃烧。针对这一过程，常用的检测方法有一氧化碳变化、热量（温度）变化及烟雾的产生和变化等。火灾发生时的燃烧挥发物中，含量最大且与发火点阴燃过程联系最紧密的气体是CO的变化。

6.2.1 温度检测

连续监测井下各类热源的温度变化，也是矿井内因火灾检测的一种有效方式，目前普遍应用的是热电传感器。

热电传感器是一种将温度变化变换为电量变化的敏感元件。当敏感元件温度发生变化时，元件的电阻、电动热及磁导都可能发生相应变化，这种变化一般呈单值关系。测试仪器结构都较简单，目前以温度－电阻和温度－电动势的形式应用较为普遍。近年来，由热敏半导体制成的热敏电阻传感器也被广泛应用。

6.2.1.1 热电偶式传感器

热电偶测量温度是根据热电偶回路的总电动势只随一个端点温度（τ）的变化而变化。

6.2.1.2 热电阻式传感器

热电阻测量温度是根据导体电阻随温度变化的原理。目前广泛应用的热电阻测温材料是铂、铜、镍等合金。

6.2.1.3 热敏电阻传感器

热敏电阻由半导体材料制成，与金属电阻比较有若干优点：阻值变化程度大、对温度变化反应灵敏、耐腐蚀、体积小、自身阻值大、因热惰性小而反应速度快等。

6.2.1.4 红外火源探测仪

红外火源探测仪是一种非接触式测温仪表。它能接收煤炭自然发火的红外辐射能，并变换为电量，再通过一定单元显示、报警或远距离传送。采用这类仪器可预知火源变化状态，研究自然发火规律，并能提前采取必要的防、灭火措施。

6.2.2　烟雾检测

矿井自燃火灾一般均有从阴燃到明火的发展过程，在这一过程中不断有烟雾放出。由于井下空间狭小，风流方向基本一定，烟雾可随风扩散。因此，一般在非煤矿山井下无甲烷和煤尘爆炸性混合物的场合，或在煤矿井下皮带机机头处装设烟雾传感器，作为火灾事故的预测预报装置，在使用时具有较大的优势，且比红外火源探测仪的造价低，故近年来广泛应用于煤矿井下。

烟雾检测按其工作原理分为离子型、散光型和光衰型。离子型可以对入射光的 α 射线产生明显的吸收作用，而其他浮游粉尘则不能吸收 α 射线，所以可利用这种原理检测烟雾浓度以检测测点的发火可能性。

6.2.3　氧气与二氧化碳检测

《煤矿安全规程》规定，在工作和通行的井下空气中，氧气含量必须在20%以上，二氧化碳含量在0.5%以下。

6.2.3.1　氧气检测

（1）检定管。

（2）井下使用便携式 OM−4C 型氧浓度计。

（3）加伐尼电池氧传感器。

6.2.3.2　二氧化碳检测

一般检测二氧化碳的仪器有检定管、光干涉型气体检定器、浓度计及红外气体分析仪等。

6.2.4　束管监测

目前，国内外研制成功的束管连续监测井下自然发火的技术是早期预报火灾的一项有效方法。束管监测是对自然发火区域进行连续采样，分析其成分变化，从而判定煤炭自燃是否发生。这种方法的特点是：可以对井下各测点的被测气体样本实时进行精确分析；可以同时分析出各点气体样本中多种气体成分的浓度及变化规律；束管监测系统的操作可实现计算机控制，因而自动化程度高。束管监测系统的缺点是管路长，维护工作量大。

束管监测系统主要由以下四个部分组成：

（1）采样系统。由抽气泵和管路组成。

（2）控制装置。主要用三通实现井下多取样点进行巡回取样。

（3）气样分析。可使用气相色谱仪、红外气体分析仪等。

（4）数据储存、显示和报警。分析仪器输出的模拟信号可用图形显示、记录仪记录，超过临界指标时发出声光报警。必要时进行打印，也可用计算机储存。

第7章　煤矿安全监控技术

《煤矿安全规程》第四百八十七条规定："所有矿井必须装备安全监控系统、人员位置监测系统、有线调度通信系统。"煤矿安全监控系统是煤矿为实现对井下的甲烷、一氧化碳、风速、烟雾、负压、温度等环境参数和采掘工作面、原煤运输、通风、压风、排水等各生产环节的机电设备的工作状态进行检测，用计算机分析处理，并对设备、局部生产环节或过程进行控制的一种全矿或局部范围内的系统。

7.1　国内煤矿安全监控技术发展情况

煤矿安全监控技术主要对煤矿瓦斯、CO、风速、风压、温度等参数以及矿井通风设施状态进行监测，为防止瓦斯爆炸、预防煤自然发火以及矿井通风安全管理提供依据。20世纪80年代以来，我国为了预防和控制瓦斯、煤尘的爆炸和大火灾事故的发生，对国有煤矿投资5亿多元，装备了瓦斯断电仪5000余套、风电瓦斯闭锁装置2万余套、便携式瓦斯检测仪约20万台、报警矿灯4万余台，以及其他各类仪器及传感器2万余台。这些仪器仪表的投入使用，对预防控制煤矿重大灾害的发生起到了极其重要的作用。近10年来，由于我国煤矿监控技术的进步，煤矿安全监控系统的装备数量也增加得很快。

7.1.1　国内煤矿安全监控技术现状及特点

近10年来，我国煤矿安全监控技术的发展主要表现在以下几个方面：

（1）安全监控技术标准化工作逐步完善。为了规范管理煤矿安全监控系统，在原煤炭部的领导下，制定了《煤矿安全生产监控系统总体规范》《煤矿监控系统软件设计规范》以及甲烷、一氧化碳、风速等传感器的行业标准。这些技术规范和标准对监控系统的技术规格、实时性、可靠性、精度、软件功能、关联设备等技术指标和试验方法做出了明确规定。这对我国煤矿安全监控系统的研究、设计及产品质量监督检验起到了指导作用和积极的推动作用。

（2）开发新型传输技术，扩大系统容量。我国现有的煤矿安全监控系统的数据传输信道基本上采用电信号传输，既有模拟传输系统，又有数字传输系统。从煤矿生产的实际情况出发，监控系统的网络结构，即中心站和监测分站之间的连接，一般采用树状网络结构。其最大特点是系统所用传输电缆少，但这种结构也存在着传输阻抗难以匹配，接收端信号功率微弱、信噪比小、抗干扰能力差等问题。因此，一些系统采用了数字频带传输技术，一般是采用数字调频移频监控 FSK 调制解调技术，这是一种数字调制信号传输信息的方式，与基带传输方式相比，有较好的抗干扰能力。

（3）系统应用软件丰富，功能增强。随着微型计算机技术的快速发展，监控系统软件运行环境不断改善，应用软件的开发工作也不断深入。软件的不断升级、功能增强是近年来煤矿安全监控系统技术进步的主要方面。目前，煤矿安全监控系统都采用了 Intel 系列 CPU 的工业控制机，硬件配置增强，配有实时、多任务操作系统。系统软件多运行在 Windows Vista/7/8/10 上，不仅可以充分利用多进程、多线程技术实时并发处理多任务，而且具有丰富多彩的用户界面，使监控软件的前、后台处理能力增强。如 KJ95 型煤矿综合监控系统与矿井调度通信系统组成网络，通信系统中的主工作站不断访问服务器，如果发现井下某一测点瓦斯超限，确定报警语音信息，语言工作站将语音信息转换成语音信号送至交换机，再由交换机对井下进行广播报警。

（4）专业化安全监控系统不断出现。矿井安装安全监控系统的目的是要防止瓦斯、火灾等重大灾害事故的发生。煤矿自然发火预测预报、瓦斯突出预报、煤矿带式输送火灾监测等一系列专业化安全监控系统相继研制成功。由煤炭科学研究总院抚顺分院开发的 KJF 系统将束管监测技术与环境监测系统相结合，把束管监测系统置于井下，解决了束管监测技术存在的取样时间延迟的问题，为采空区自燃火灾监测预报及采空区注氮防火状态监测提供了手段；煤炭科学研究总院重庆分院开发的 KJ54 型矿井安全监控系统是在现有监控系统的基础上，根据我国煤矿生产的实际情况和多年来与自然灾害斗争的实际经验，以多种自然灾害的预报为目标而研制的新一代煤矿安全监控系统。

（5）重视、加强传感器的开发研究。传感器是煤矿安全监控系统的重要组成部分。我国煤矿安全监控技术的发展，也带动了煤矿安全监控传感器技术的进步。传感器技术的发展受到了原煤炭部的重视和关注，原煤炭部曾多次组织传感器科技攻关，并取得一定成效。煤炭科学研究总院重庆分院等单位采用单片微机研制出智能型甲烷传感器，增加了红外线非接触调校和自动调校功能，传感器整机稳定性有了一定提高。为了克服高浓度瓦斯冲击造成催化元件失效的问题，一些研究院所和企业采用催化和热导两种敏感元件研制了高、低浓度瓦斯传感器，相应延长了传感器的使用寿命。为了适应煤矿安全监控系统的发展，还开发了新品种，例如，煤炭科学研究总院抚顺分院研制了 CO_2 传感器、O_2 传感器、采空区多点温度传感器、微压力传感器，重庆分院研制了离子烟雾传感器等。

7.1.2 煤矿安全仪器仪表技术发展概况

我国是一个产煤大国，大、中、小型煤矿星罗棋布，自然灾害种类和安全状况不尽相同。因此，应开发生产各种不同型式的安全检测仪器，以适应不同类型矿井的不同检测需求。

20 世纪 90 年代以来，随着微电子技术和电力电子技术的发展，风电瓦斯闭锁装置得到进一步完善和提高，主要表现在三个方面：一是各研制单位普遍采用单片机技术，仪器向多功能、智能化方向发展；二是在风电瓦斯闭锁装置的基础上，应用变频调速技术开发出自动排瓦斯装置；三是开发了具有风电瓦斯闭锁功能的监测分站，扩大了风电瓦斯闭锁技术的应用范围。

与此同时，便携式煤矿气体检测仪表有了较大发展，主要表现在以下三个方面：

（1）便携式瓦斯检测报警仪向微型化、智能化发展。各生产厂家充分利用微电子、高能电池等新技术，使这种仪表的检测精度提高、体积减小、功能扩大。如煤炭科学研究总院重庆分院开发的 AZJ－95A 型智能瓦斯检测报警仪，重量仅为 200 g，一次充电使用时间达 8～10 h。

（2）气体检测仪表品种增多。近 10 年来，便携式一氧化碳检测报警仪、甲烷和氧气两用检测仪、多参数气体检测仪相继开发成功并投入使用。如 AZD－1 型智能多参数检测报警仪，不仅能同时检测环境中的 CO、CH_4、O_2 的浓度和温度，而且有超限报警、按实时存储数据的峰值或最低值以及对仪器电源进行监视保护等功能，并可按时钟打印出所需要监测时间段内的监测数据，自动标校零点、灵敏度及进行非线性补偿。

（3）研制出用于瓦斯突出、瓦斯涌出量检测以及确定瓦斯爆炸指数等各种专业化新型仪表，如用于煤与瓦斯突出预测预报的 MD98 型瓦斯解吸仪、用于判定煤与瓦斯突出危险性的DMF型煤层钻孔瓦斯流量仪、用于判定瓦斯爆炸危险性的气体可爆性测定仪等。

7.2 国外煤矿安全监控技术发展情况

7.2.1 光纤通信技术的应用

采用光纤通信技术是国外煤矿监控系统近年来的发展特点之一。光纤通信技术的应用是利用光纤高速数据通道将地面中心站与井下分站连接起来，提高信息传输速度，扩大系统容量。20世纪90年代初，日本采矿研究中心对日本五个煤矿监控系统进行调查，认为当时采用树状结构的分布式监控系统存在许多缺陷，很难进一步扩大系统容量和提高系统传输速率，当井筒和巷道电缆出现故障时，地面和井下分站便失去通信能力。日本采矿研究中心利用局域网络（LAN）技术能够构成宽带传输线、具有高传输速率的特点，提出并开发了双回路环形系统。新系统由地面站、局域网系统（主系统）、本质安全子系统构成。主系统由一对光纤构成环路，每个站之间最大通信距离达6 km，采用再生重复传输方法，通信速率为8.192 Mbit/s。当某处电缆断开时，系统可以改变传输路线；当某分站断电时，可将该分站旁路转变传输路线，不仅增加了系统的信息量，而且使其可靠性也得到很大提高。

7.2.2 光纤分布式测温技术的应用

20世纪90年代以来，美国、英国和日本应用光纤分布式测温系统进行了煤矿带式输送机巷火灾监测试验。该系统采用光时域反射技术，日本称之为光纤测温雷达（FTR）。FTR能够连续测量沿整个敷设光纤区域的温度。该技术的原理是：脉冲光束注入光纤后，以200 m/s的速度沿光纤传播，而其一部分散射光沿光纤返回到注入端。散射光强度是光纤温度的函数，散射光起点位置则由在注入点检测到的返回时间来确定。FTR基本上由作为敏感温度的光纤、主测量装置和处理显示温度分布情况的计算机系统组成。日本在Taiheiyo煤矿进行了长度2 km光纤测温试验，全线测温1次时间是90 s，测温精度为1℃，测温位置分辨率达到1 m。

7.2.3　光纤气体监测技术的发展

1995 年，美国矿业局开发了光纤环境监测报警系统（FOREWARNS），对矿井中 CO、NO_2、SO_2三种气体进行监测。该系统由中心站（CMS）通过一个大芯径光纤向三种传感器提供光源。中心站由显示单元、激光组件组成，通过分光器将光信号分布到每个敏感组件（RSU）上。RSU 由各种传感器、光电转换器及遥测电子电路组成。RSU 依据地面中心站召唤，响应传送监测数据。大功率固体激光器是该系统的关键器件，器件中心波长 814 μm，能提供 5 W 光能送入光缆与终端转换器匹配。在 RSU 上的光电功率转换器能为传感器及遥测电路提供足够的电功率。转换器是一个单片砷化钾（GaAs）半导体器件。

在 FOREWARNS 中使用的全部传感器（CO、NO_2、SO_2）均为功耗很低的电化学式传感器。CO 传感器用固体电解质型（需要断续的补充水），实验室寿命可达 9 年。SO_2、NO_2传感器均采用城市技术公司的液体电解质敏感元件。光纤环境监测报警系统的主要优点是比电信号传输的抗电磁波干扰能力强，安全性和可靠性好。

利用光纤气体监测技术监测瓦斯是气体传感器技术的新途径、新发展。美国、英国、瑞典、日本、澳大利亚等国家均开展了该技术的研究工作，澳大利亚和美国还在煤矿中进行了试验。该技术的特点是利用了甲烷吸收某一特定波长的红外线能量的原理，虽然甲烷的强吸收带在 3.3 μm，但在该波长下，硅光纤材料传播红外线能量的损失太大，一般是将波长选在其谐波，即 1.6 m 处。如果在光纤芯中，3.3 m 波长的红外光传播的光能损失是 56 dB/km，而在同一光芯中，其谐波的光能损失只是它的 1/56。此外，在这一波长的红外光源和探测器也是成熟的技术。光纤瓦斯传播器与载体热催化式瓦斯传感器相比有明显的优点，主要表现为线性范围宽（0%～100% CH_4）、线性误差小（0.1% CH_4）、稳定性好（0.1% CH_4/月）、响应时间短（1 s）、寿命长，由于在危险场所无电气连接，所以安全性能好。

7.2.4　其他传感器新技术

7.2.4.1　电化学气体敏感技术

用控制电位电化学技术监测 CO、SO_2、H_2是比较成熟的技术。美国矿业局为解决传感器的本质安全性能并降低功耗，与美国国家实验室合作开发了电化学瓦斯传感器，用常温下高电位直接氧化法检测 CH_4。敏感元件结构与一般的CO传感器元件相似。但是，CH_4 电化学氧化必须在高电位［1.4 V (NHE)］下进行，在这一电位下水被氧化，电解质不能用水溶液，要用一定当量浓度的 $NaClO_4$－丙烯碳酸盐等无水电解质。电化学瓦斯传感器具有输出线性范围宽（0%～100% CH_4）、选择性好、不受缺氧影响、整机功耗小于25 mW、安全性能好的优点。

7.2.4.2 其他技术

为了解决传统的载体催化式甲烷传感器的稳定性和敏感元件的寿命问题，英国采用气体扩散技术，使催化元件抗中毒性能比传统催化元件提高10倍；利用控制元件恒温的检测电路，使元件灵敏度、响应时间及稳定性等得到改善。法国在GTM9G型瓦斯监测仪器中采用一项热催化原理的专利技术开发的瓦斯敏感元件，使仪器的使用寿命、调校周期、可靠性都得到了改善，响应时间比普通催化元件提高了2.5倍。

7.3 我国煤矿安全监控技术的发展方向

我国是一个煤矿灾害事故严重，特别是瓦斯爆炸事故频发的产煤大国。近年来出现的瓦斯爆炸事故大都发生在中小煤矿，而且都出现在没有煤矿安全监控系统或煤矿安全监控系统没能正常使用的矿井。因此，高突瓦斯矿井必须装备煤矿安全监控系统。但应根据不同的煤矿井型、产量及其安全状况开发装备相应的煤矿安全监控系统，使煤矿在经济上能够承受，使用可靠。

7.3.1 重视专业化或专家系统的开发

近年来，一些单位虽然进行了大量研究，取得了一些成果，但由于大部分是在独立系统上进行的，没有广泛的适应性，因此无法推广应用。今后，开发煤矿安全监控技术应特别注意将诸如瓦斯涌出规律、瓦斯突出预测预报、煤自然发火预测预报、带式输送机火灾早期预报、均压通风自动调控以及矿井灾变期间抢险救灾指挥等技术融入监控系统中，从而充分发挥监控系统的作用。

7.3.2 继续深入强化传感器技术的研究

传感器是煤矿安全监控系统可靠运行的关键，虽然我们已经做了大量的研究工作，但由于传感器运行在煤矿特殊的气候环境下，增加了开发研究的难度，特别是敏感元件的稳定性和使用寿命问题仍然没能完全解决。传感器、通信技术、计算机技术是信息产业的三大支柱，已经受到国内外各行业的重视。因此，国内外传感器技术进步将为煤矿安全监控传感器的发展提供契机。为了提高煤矿安全监控传感器水平，在今后的研究开发工作中，应注重以下三个方面：

（1）关注国内外传感器发展热点，借鉴传感器新技术，开发适用于煤矿的安全监控传感器。微型化、集成化、智能化、系统化、低功耗是当今传感器发展的方向，而光纤技术、生物工程技术、微电子技术及微加工技术等多种技术的融合，可使传感器性能最优化，这些都是我们跟踪国内外新技术时特别关注的地方。

（2）解决煤矿安全监控传感器的稳定性、可靠性，提高传感器的制作质量，在很大程度上依赖制作工艺。先进的传感器制作工艺也是传感器技术创新的基础。微机械加工技术、平面制作工艺、薄膜制作工艺及传感器封装技术等对传感器研究开发及传感器实现产业化、工程化起着至关重要的作用，这是一项十分重要的基础工作。

（3）应高度重视传感器功能材料的研究。如今，世界各国已把纳米技术纳入关键技术。美国国家关键技术报告中指出，对先进纳米技术的研究可能导致纳米传感器的产生。我国一些研究表明，用纳米材料制作气体传感器时，由于其本身具有高表面能，有较大的孔径和孔容，其比表面是常规材料的数十倍，在气固反应过程中能加快反应速度，提高反应灵敏度，有利于改善气体传感器的性能。

7.4　煤矿安全监控系统

1983—1985 年，我国从欧美国家引进了数十套煤矿安全监控系统，如采用实线传输的法国 CTT63/40 系统、波兰 CMC−1 系统、CMM−20 系统，采用频分制传输的德国 TF−200 系统，采用时分基带传输的英国 MINOS 系统，以及采用时分移频监控 FSK 调制的美国 DAN6400 系统。“七五”期间，我国引进、消化国内外技术生产了 TF200 系统，同时自主开发了 KJ4、KJ2、KJ22、A1 等系统并推向煤矿市场；“八五”“九五”期间，对原有监控系统不断进行完善改造，软件升级，同时开发了新型监控系统，部分新开发系统的主要技术特点见表 7−1。

表 7—1 煤矿安全监控系统技术特点

系统名称		KJ90	KJ92	KJ95	KJF2000	KJ54
开发生产单位		煤炭科学研究总院重庆分院	上海嘉力公司	常州自动化所	煤炭科学研究总院抚顺分院	煤炭科学研究总院重庆分院
系统容量（MB）		128	128	256	64	64
传输制式		时分基带、DPSK 调制	时分基带	时分基带光纤 CMI 半双工	FSK 调制	时分基带
传输速率（bit/s）		2400	1200	1200 光纤 300～2400	1200	1200
电缆芯数		4 芯		2 芯	2 芯	4 芯
传输距离（km）		20	10	15	15	15
井下分站	模拟量输入	2/4/8	8	8/16	1/3/4/8	1/2/4/8
	开关量输出	2/4/8	8	6	1/4/5/8	1/2/4/8
	模拟量传感器信号制	1～5 mA 4～20 mA 200～100 Hz	200～1000 Hz	200～1000 Hz	200～1000 Hz 1～5 V 1～5 mA 4～20 mA	200～1000 Hz 1～5 mA
	分站功能设置	手动	手动	手动	自动	手动
	免编程	无	无	无	有	无
分站种类		KFD—28 路 KFD—34 路 KFD—3B2 路		KJF16 通用 KHJ4 风电闭锁 KJ2021（D）智能分站 （串行扩展成 64 路）	KJFT—通用 KJFT—2 基本型 KJFW—1 瓦斯专用 KJFJ—1 火灾基站	KJF54—F8 路 KJF54—F44 路 KJF54—F22 路

7.5　KJ90 型煤矿综合监控系统

7.5.1　主要功能及用途

KJ90 型煤矿综合监控系统是以工业控制计算机为中心的集环境安全、生产监控、信息管理、工业图像监控和多种子系统为一体的分布式全网络化新型煤矿综合监控系统，以其技术的先进性和实用性深受煤矿用户的欢迎，是我国目前推广应用较多、具有一定影响力的煤矿安全监控系统之一。

KJ90 型煤矿综合监控系统能在地面中心站连续自动监测矿井各种环境参数，并实现网上实时信息共享和发布，每天输出监测报表，对异常状况实现声光报警和超强断电控制。该系统除具有煤矿监控系统的通用功能外，还具有其他一些特点。

7.5.2　主要特点

（1）系统地面中心站监控软件采用模块化面向对象设计技术，网络功能强，集成方式灵活，可适应不同规模需求。

（2）支持 Windows 环境，操作简单直观，容错能力强。

（3）具有独特的三级断电功能，可进行传感器就地断电、分站程控断电、中心站手控断电和分站之间的交叉断电。

（4）具有数据密采功能，允许多点同时密采，最小实时数据存储间隔可达 1 s。

（5）可挂接火灾监测子系统、瓦斯抽放监测子系统、电网监测子系统、工业电视系统等，便于统一管理。

（6）具有实时多屏多画面显示，最多可带 16 台显示器，屏幕显示方式可由用户设置组合成不同结构，并可配接大屏幕液晶投影系统。

（7）地面中心站监控信息和工业监控图像可通过射频驱动系统进入闭路电视系统。

（8）网络终端，可在异地实现监控系统的实时信息和文件共享、网上远程查询各种监测数据及报表、调阅显示各种实时监视画面等。

（9）多种类型的分站可独立工作、自动报警或断电。可自动和手动初始化，具备风电瓦斯闭锁功能。

（10）井下监控分站具有就地手动初始化功能（采用红外遥控方式进行），当分站掉电后，初始化数据不丢失；当井下分站与地面中心站失去联系时，分站可自动存储 2 h 的数据。

（11）监视屏幕显示生动，具有多窗口实时动态显示能力，显示画面可由用户编排，交互能力强。

（12）有强大的查询及报表输出功能，可以数据、曲线、柱图方式提供班报、日报、旬报，报表格式可由用户自由编辑。

（13）可同时显示六个测点的曲线，并可通过游标获取相应的数值及时间，显示曲线可进行横向或纵向放大。查询时间段可任意设定（1 h～30 d）。同时提供分析曲线、注释文字编辑框。

（14）断电控制具有回控指令比较，可确保可靠断电，当监测到馈电状态与系统发出的断电指令不符时，能够实现报警和记录。

（15）完善的密码保护体系，只有授权人员才能对系统关键数据进行操作维护。

7.5.3 工作原理和主要结构

KJ90 型煤矿综合监控系统是以工业控制计算机为核心的全网络分布式监控系统，主要由地面中心站、数据传输接口、网络设备、图形工作站、多媒体网络终端、井下系列化监控分站及电源、各种矿用传感器、控制器及监测子系统等组成。整个系统由地面监控中心站集中、连续地对地面和井下各种环境参数、工况参数以及监测子系统的信息进行实时采集、分析处理、动态显示、统计存储、超限报警、断电控制和统计报表查询打印、网上共享等；井下监控分站及电源完成对各种传感器的集中供电，并对采集到的传感器信息进行分析预处理，超限可发出声光报警和断电控制信号，同时与地面进行数据通信。

KJ90 型煤矿综合监控系统地面部分采用星型拓扑结构，以 Ethernet 局域网方式运行，网络协议支持 TCP/IP、NETBIOS 和对等广播。监控软件运行平台支持 Windows 操作系统。井下网络采用树型拓扑结构，安装灵活，可靠性高。系统原理框图如图 7－1 所示。

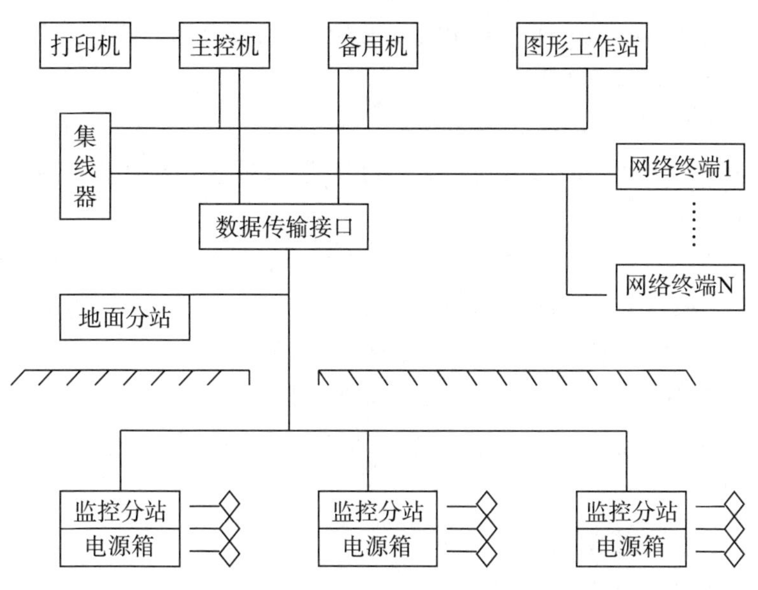

图 7—1 KJ90 型煤矿综合监控系统原理框图

7.5.3.1 数据传输装置

JK9010 型数据传输装置是系统的一个重要部分，用来实现在地面中心站监控主机与井下监控分站之间的电气隔离及信号转换，它既支持时分制基带，又可以 DPSK 方式通信，通信速率达到 2400 bit/s。

7.5.3.2 监控分站及电源

监控分站及电源是 KJ90 型煤矿综合监控系统的核心设备之一，具有智能化程度高、功能强、结构简洁灵活（既可分体式，又可一体化）和系列化等特点，主要完成实时信号采集、预分析处理、显示控制、数据通信及传感器集中供电等功能，为矿用隔爆兼本质安全型产品，适用于有爆炸性危险的场所。

7.5.4 主要技术指标及系统设备

7.5.4.1 主要技术指标

系统主要技术指标见表 7—1。

7.5.4.2 系统主要设备

系统主要设备有以下几个部分：

（1）地面中心站，操作系统为 Windows Vista/7/8；中央处理器为奔腾

(1 GHz以上)；内存为512 MB以上；显示卡为256 MB以上独立显存（带硬件加速功能)；硬盘有1 TB以上自由空间。

(2) 数据传输接口，通信速率为2400 bit/s；传输方式为时分制基带或DPSK；电源电压为AC/220 V；隔离电压为1500 V；与计算机接口为标准RS−232C。

(3) 监控分站及电源，KFD−2型大分站（8个模拟量、8个开关量、8个控制量)；KFD−3型中分站（4个模拟量、4个开关量、4个控制量)：KFD−3B型小分站（2个模拟量、2个开关量、2个控制量)；输入信号制（200～1000 Hz、1～5 mA、4～20 mA、1/5 mA)；模拟量和开关量可任意互换。

(4) 远程断电器KDD−I型，容量36 V/5 A；KDD−II型，容量600 V/0.3 A；断电距离大于10 km。

7.5.4.3 主要传感器

配置的主要传感器见表7−2。

表7−2 主要传感器

低浓度瓦斯传感器	KG9701型	0%～4%
高低浓瓦斯传感器	KG9001B型	0%～100%
风速传感器	CW−1型	0.3～15 m/s
负压传感器	KG9501型	0～5 kPa
温度传感器	KG9301型	0℃～40℃
一氧化碳传感器	KG9201型	$0\sim500\times10^{-6}$
水位传感器	KG92型	0～5 m
烟雾传感器	KG8005型	
氧气传感器	KG8903型	0%～25%
设备开停传感器	KTC−90型	3 A以上交流
风门开关传感器	KG92−1型	
顶板动态传感器	KG9302型	0～200 mm
顶板压力传感器	KG9303型	0～500 kN
馈电开关传感器	KG9401型	

续表

低浓度瓦斯传感器	KG9701 型	0%～4%
声光报警器	AGS 型	

7.5.5　推广应用情况

KJ90 型煤矿综合系统是原煤炭部首批定点生产的煤矿监控系统之一，在煤矿行业得到了很好的推广应用，曾获四川省科技进步三等奖。用户遍及四川、贵州、云南、河北、安徽、江苏、新疆、广西、山西、河南、山东、黑龙江等省区，用户反映良好，取得了较好的经济效益和社会效益。

7.6　KJ95 型煤矿综合监控系统

KJ95 型煤矿综合监控系统是集监测、通信、光纤传输于一体的综合性煤矿监控系统，适用于大、中、小型矿井。监测、通信和光纤传输三部分又可单独使用，以满足煤矿不同的应用要求。

7.6.1　主要功能

7.6.1.1　监测系统功能

（1）可以监测瓦斯、风速、负压、一氧化碳、烟雾、温度、风门开关等环境参数，煤仓煤位、水仓水位、压风机风压、箕斗计数、各种机电设备开停等生产参数，电压、电流、功率等电量参数，以及输送带跑偏、输送带速度、轴承温度、机头堆煤等各种机电设备的运行情况。

（2）可以配接输送带集中控制、轨道运输监控、电力监测等子系统，以实现局部环节的自动化。

（3）可以在全监测系统范围内通过便携式调试电话机与地面中心站或分站、传感器之间进行语音通信。

（4）工作人员可以在中心站利用鼠标通过人机交互界面进行各种操作，以便对矿井设备配置和测点进行生成操作。

（5）可以方便地在屏幕上绘制各种模拟图形。

（6）可以方便地由用户自行生成各类表格。

（7）通过主机的 RS－232 串行口实时地与分站设备进行广播式通信。

（8）通过主机的 RS－232 串行口实时地与模拟盘进行广播式通信。

（9）主机上插网卡，即可实现监测系统直接上网。

（10）可以配接绘图仪，以便绘制各种图形和监测曲线。

（11）可以配接大屏幕或投影机，以便在更大面积的屏幕上显示更多的工艺流程模拟图、监测曲线、表格和文字，以及主机上所能显示的全部内容。

（12）可通过扫描仪输入图像、图片资料，并进行图文编辑。

（13）对各类报警信息进行处理，并实时地进行存储和报警。

（14）对监测到的实时数据进行处理，模拟量每 2 min 存 1 个平均值，开/停信息按小时计时，累计量按小时累计，并存储。

（15）通过主机 CRT 可显示以下信息：系统生成及操作，测点生成及操作，时钟和日期显示，工艺流程模拟图形显示，各测点数据表格显示，模拟量参数的实时值表格、二维或三维柱状图、圆饼图、变化曲线显示，开关量的实时值、累计开/停时间显示，累计量的实时值及累计值显示，各类报警表格显示，系统相关设备及软件操作说明显示。

（16）在井下高智能分站上主要可完成以下功能：实现采煤工作面、掘进工作面以及串联通风情况下的风电瓦斯闭锁；电网停电后，可继续工作 2 h；分站上有液晶显示窗口，一次可显示 16 个汉字和字符；可存储 24 h 的瓦斯数据，并能以曲线形式显示出来；站内设键盘，可任意设置报警点和断电点；可定点显示某一测点或巡回显示各个测点的实时监测值；分站可单独使用，也可作为分站一级设备使用。

7.6.1.2 调度通信系统功能

（1）可与地面交换机配接，实现一次等位拨号，或单独组网。

（2）系统采用分散铃流，铃流故障时，只影响所在用户话机，铃音有两种，即复合音和单音。易识别来自地面交换机（复合音）操控调度交换机（单音）的振铃。

（3）调度台上有 24 位数字显示，每个键有红绿灯对位显示，运行状态清晰，操作方便，话机有 16 位键，其中 4 位是功能键。

（4）有单呼、群呼、全呼及单扩、群扩、全扩等功能。

（5）有会议调度功能，可召开小型、大型及全体会议。

（6）除具有强入、强拆业务外，还具有话机监听功能，以便了解话机周围 5 m 的现场动静。

（7）有禁止功能，对等位拨号或经中继入网的用户可禁止呼入与呼出。

(8) 有语音信箱功能，用户可将自己的语音存入信箱，可由调度提取用户的语音。

(9) 具有用户线路查询功能，当用户线路开路、短路故障时，调度台上有显示。

(10) 紧急状态下实现双向呼叫，并可录音、计时及调度室扩音监听。

(11) 具有无须用户按话机的免提键，在调度控制下实现。

(12) 系统允许接入 4 个调度台与 8 台调度话机，或接入 4 台计算机与 8 台调度话机。

(13) 系统主机柜通过用户线向话机自动浮充，无须更换话机电池。

(14) 交换机柜的输出端子为本安型，无须通过外接耦合器等防爆安全装置。

7.6.1.3　光纤高速通道功能

(1) 透明传输监测系统（主干道）数据。

(2) 传输微机调度通信系统 28 路话音信号。

7.6.2　主要技术参数

KJ95 型煤矿综合监控系统的主要技术参数见表 7-1。

7.6.3　系统组成及工作原理

KJ95 型煤矿综合监控系统框图如图 7-2 所示。

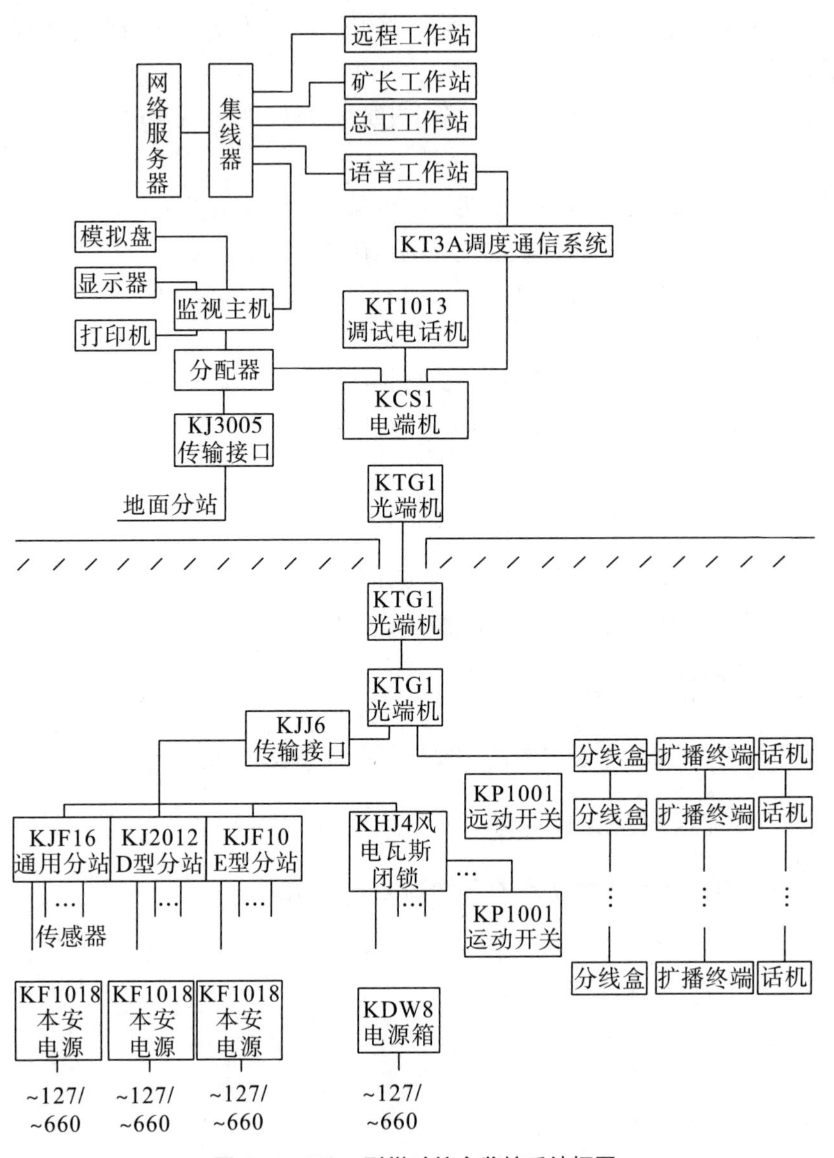

图 7－2　KJ95 型煤矿综合监控系统框图

KJ95 型煤矿综合监控系统由监测系统、调度通信系统、光纤高速通道、计算机网络四大部分组成。它们既可作为独立的系统或设备使用，也可集成使用。

监测系统主要由监测主机及其外设、传输接口、传输电缆、分站和各种传感器组成。主机连续不断地轮流与各个分站进行通信，每个分站接到主机的询问后立即将该分站接收的各个测点的信号传给主机，每个分站又不停地对各传感器信号（开关量、模拟量和累计量）进行检测变换和处理，时刻等待主机的询问，以便把检测的参数送到地面。当需要对井下设备进行控制时，主机将控制命令与分站巡检信号一起传给分站。监测主机接收到的实时信息进行处理和存盘，并通过本机显示器、大屏幕、模拟盘等外设显示出来。显示器可显示各种工艺过程模拟盘、测量参数表。各种参数的实时或历史曲线、柱状图、圆饼图等，可通过打印机打印报表，或通过绘图仪绘制各种图表和曲线。

调度通信系统主要由程控交换机、操作台、传输电缆和井下扩音自动交换机等设备组成。

光纤高速通道主要由地面电端机和光端机、井下光端机和电端机，以及光缆组成。地面电端机将各路通信系统的话音模拟量信号转换成数字信号，与监测系统的数字信号进行综合后送地面光端机，光端机将综合数字信号变成光信号送入光纤进行传输。井下光端机将地面送来的光信号转换成电信号送井下电端机，电端机再将综合数字信号分离成监测系统的数字信号和通信数字信号，并将通信数字信号再变换成话音模拟信号，经电缆传到各话机。光纤高速通道的作用是双向的，上述信号的转换过程对于由井下传至地面的监测信号和通信信号是完全一样的。

网络是监测系统与调度通信系统联络的桥梁，在这里调度通信系统中设置的语音工作站不断访问服务器，发现有测点超限时，将超限的情况以及相关区域进行分析后，确定报警的语音信息，语音工作站再将语音信息转换成语音信号以及报警区域信息送交换机，由交换机对井下相应的一个或若干个话机进行广播报警。网络可挂接若干个工作站设于矿领导办公室或其他部门。通过网络，还可方便地与矿级和局级计算机网络联网。

7.6.4　软件系统

KJ95 型煤矿综合监控系统软件主要包括系统软件和应用软件两大部分，并以前台、后台方式运行。

7.6.4.1　系统软件

系统软件（也称后台软件）运行于 Windows 系统，自计算机启动后，首先运行并常驻计算机常规内存中。它主要完成以下功能：

（1）连续、可靠地负责和分站级设备的调度通信。

（2）连续、可靠地负责和模拟盘设备的广播式通信。

（3）连续、可靠地监测数据信息的预处理，按 2 min 运算出模拟量平均值，开/停按小时计时，累计量以小时进行积累，并完成相应存储。

（4）在监测系统形成网络的情况下，连续、可靠地完成相应信息（历史数据、实时数据）存入网络服务器，以备各个网络工作使用。

（5）准确、无误地处理各类报警信息，并实时储存。

7.6.4.2 应用软件

应用软件（也称前台软件）是建立在 Windows 友好窗口化软件界面上的各类模块化功能软件。

第一部分。系统首次进行开工生成操作，必须运行开工生成程序。该程序仅为设计者操作，目的有两个方面：一是开工生成对系统的正常运行有非常重要的影响；二是防止非用户拷贝使用，故该部分说明略去。

第二部分。该部分为系统应用软件，是用户需操作使用的部分。需要注意的是，只有进入 Windows 才能运行该部分软件。目前，应用软件因功能不同可分成系统生成功能、召唤显示操作、辅助操作及简要说明四个部分。

参考文献

Bing W，Deyong G，Xuntao Z. Prevention and cure of gas in mine [M]. Xuzhou：China University of Mining and Technology Press，2002.

Buxton D. A three − colour quantitatioe schlieren system [J]. Journal of Science Instruments，1968，2 (1).

DiegoB，Markus G，Martin Z，et al. A smart single-chip micro-hotplate-based gas sensor system in CMOS-technology [J]. Analog Integrated Circuits and Signal Processing，2004 (39).

Jingchao Z，Jin L，Yutian W，et al. Study on a novel optical fiber CO gas sensor [J]. Journal of Optoelectronics Laser，2004，15 (4).

Keat G O，Kefeng Z，Craig A G. A wireless，passive carbon nanotube−based gas sensor [J]. IEEE Sensors Journal，2002，2 (2).

Lei D，Weiguang M，Wangbao Y，et al. Frequency stabilization of an external cavity diodelaser based on LabVIEW [J]. Journal of Optoelectronics Laser，2005，16 (3).

Lijie W，Kexin X，Jianying G. Compositional analysis of fat，protein and lactose in raw milk by using near−infrared spectroscopy [J]. Journal of Optoelectronics Laser，2004，15 (4).

Mengran Z，Shimei W. Accurately measurement of mine gas density with differential optical absorption spectrometry [J]. Coal Science and Technology，2004，32 (3).

Minggao Y，Dongsheng Y，Hailin J，et al. New processing method for fire forecast parameters [J]. Journal of Coal Science and Engineering (China)，2004 (1).

Mingkun F，Chenghua S. Rsearch of optical fiber CH_4 sensor based on spectrum absorption [J]. Optoelectronic Technology and Information，2003，16 (6).

Patrick J，Beat M，Bernhard W，et al. Determination of methane and other small hydrocabons with a platinum-nation electrode by stripping voltammetry [J]. Analytica Chimica Acta，2001 (432).

Richter D，Fried A，Wert B P，et al. Development of at unable mid − IR difference frequency laser source for highly sensitive airborne trace gas detection [J]. Applied Physics B−lasers and Optics，2002 (75).

Schäafer S，Mashni M，Sneider J，et al. Sensitive detection of methane with a1.65μm diodelaser by photoacoustic and absorption spectroscopy [J]. Applied Physics B－lasers and Optics，1998 (66).

Tangfei T，Chongzhao H. Study on terrain coding in virtual battle environment andits realization [J]. Journal of System Simulation，2004，16 (9).

Yanbo W，Jianping Z，Yiyang C. Study on differential optical absorption spectrometer for SO_2，NO_2，benzene and toluence [J]. Environmental Monitoring in China，2004，20 (3).

艾德春，韩可琦. 综放面粉尘综合防治技术 [J]. 煤炭工程，2006 (9).

安满林. 南屯矿 7321 超长综放面煤层自燃防治技术研究 [D]. 西安：西安科技大学，2006.

安文斗，冉隆明，杨锡岭，等. 基于工业以太环网的矿井电网安全监控系统的设计 [J]. 矿业安全与环保，2007 (4).

包宗宏，卞晓锴，史美仁，等. 煤炭低温自燃指标气体的浓缩检测 [J]. 南京工业大学学报（自然科学版），2003 (2).

毕业武. 保护层开采对煤层渗透特性影响规律的研究 [D]. 阜新：辽宁工程技术大学，2005.

车琳娜，朱志杰，韦文祥，等. 一种新型煤矿瓦斯监测系统的设计 [J]. 仪器仪表用户，2006 (1).

陈长伦，何建波，刘锦淮. 新型电化学 CO 气体传感器的研制 [J]. 传感器技术，2004 (5).

陈广斌. 焦坪矿区矿井瓦斯灾害分析及防治 [J]. 西部探矿工程，2005 (8).

陈恨爱. 论复杂地质条件下开采高瓦斯煤层的瓦斯治理工作 [J]. 中国科技信息，2005 (19).

陈开岩，王省身. 用气压计法测量矿井通风压力的误差分析判断及其处理 [J]. 矿业安全与环，1992 (6).

陈士玮，王家兵. 矿井主要通风机在线监测监控现状及展望 [J]. 煤矿安全，1999 (12).

陈世瑄. 氧传感器作用原理及其固体电解质的制备 [J]. 上海有色金属，2006 (1).

陈文胜，刘剑，吴强. 基于活化能指标的煤自燃倾向性及发火期研究 [J]. 中国安全科学学报，2005 (11).

程健维，杨胜强，于宝海. 高温矿井风流温度和湿度预测及其程序编制 [J]. 能源技术与管理，2007 (1).

程勇，张玉峰. 一种新型高可靠性甲烷传感器设计 [J]. 工业仪表与自动化装置，2006 (4).

杜君，张学臣. 高瓦斯煤层群采区巷道布置 [J]. 甘肃科技，2006 (6).

樊小利. 矿山通风与安全测试技术 [M]. 成都：西南交通大学出版社，1997.

樊小利. 矿山通风与安全测试技术 [M]. 成都：西南交通大学出版社，1997.

冯柏群. 矿井通风传感器的设计 [J]. 煤炭工程，2007 (9).

冯德谦，张敬财，初奇伟，等. 矿用风速传感器研究 [J]. 传感器与微系统，2007 (2).

冯增朝. 低渗透煤层瓦斯抽放理论与应用研究 [D]. 太原：太原理工大学，2005.

高建良，魏平儒．掘进巷道风流热环境的数值模拟［J］．煤炭学报，2006（2）．
高建良，张学博．潮湿巷道风流温度与湿度变化规律分析［J］．中国安全科学学报，2007（4）．
高伟，彭担任，李世明．通风机装置性能测试综述［J］．风机技术，2006（1）．
葛少成，孙文策，刘雅俊．通风实验管路的风机研制与测试分析［J］．煤矿机械，2004（11）．
关志强．煤矿瓦斯输运技术研究［J］．应用能源技术，2007（9）．
郭胜江．冰蓄冷低温送风空调系统低温风口的模拟与实验研究［D］．杭州：浙江大学，2005．
国家安全生产管理总局，国家煤矿安全监察局．煤矿安全规程［S］．北京：煤炭工业出版社，2006．
国家安全生产监督管理总局、国家煤矿安全监察局．煤矿安全规程［M］．北京：煤炭工业出版社，2006．
韩福生．煤矿井下“一通三防”重大事故预防对策［J］．煤炭技术，2005（9）．
郝成军．矿井通风机的技术改造［J］．煤炭工程，2003（5）．
何萍，王飞宇，唐修义，等．煤氧化过程中气体的形成特征与煤自燃指标气体选择［J］．煤炭学报，1994（6）．
何书建，严俭祝．矿井风硐风量、风压智能监测仪的研制及应用［J］．煤炭科学技术，2000（12）．
胡亚非．矿井主通风机风量在线监测实验研究［J］．中国矿业大学学报，1996（3）．
胡中文．解决矿井深部开采问题的对策［J］．煤炭技术，2004（3）．
纪新明，吴飞蝶，王建业，等．用于火灾探测的非色散红外吸收气体传感器［J］．传感技术学报，2006（3）．
贾宝山，章庆丰，韦涌清．林胜西风井主要通风机安全技术参数研究［J］．辽宁工程技术大学学报，2003（S1）．
贾海林，余明高，李定启，等．煤矿内因火灾防治方法及其有效性分析［J］．河南理工大学学报（自然科学版），2005（1）．
蒋先统．矿井瓦斯综合治理及其利用研究［J］．矿业快报，2007（9）．
蒋增京．自然风压对矿井通风系统的影响［J］．河北煤炭，2003（5）．
金龙哲，袁俊芳，李建文．矿井粉尘直接测定方法［J］．北京科技大学学报，2000（2）．
康要伟．矿井瓦斯灾害的防治［J］．煤炭技术，2006（10）．
雷杰，朱骥，马学宗．智能溶解氧传感器的设计与开发［J］．仪器仪表与分析监测，2007（2）．
李崇山．用气压计测定通风阻力的几种方法［J］．煤矿安全，1992（6）．
李芙玲，郭红．煤矿井下智能温度测量系统的研究［J］．煤矿机械，2007（8）．
李剑锋．综掘机卷吸控尘式喷雾降尘装置研制成功［J］．煤矿机械，2003（4）．
李静，韩昱晨．用β吸收法测定空气中粉尘质量的实验研究［J］．辐射防护通信，2001（2）．
李俊红，崔艳，李长青．矿用一氧化碳传感器的设计［J］．工矿自动化，2007（1）．
李骏勇．高地湿矿井巷道煤层自燃火灾的特点及其防治［J］．煤矿现代化，2006（4）．

李黎，张宇，宋振宇，等. 红外光谱技术在气体检测中的应用 [J]. 红外，2007 (9).

李世明. 矿山通风机性能测定发展概述 [J]. 矿山机械，2006 (9).

李树刚，李生彩，林海飞，等. 卸压瓦斯抽取及煤与瓦斯共采技术研究 [J]. 西安科技学院学报，2002 (3).

李树刚，林海飞，成连华. 综放开采支承压力与卸压瓦斯运移关系研究 [J]. 岩石力学与工程学报，2004 (19).

李树刚，刘志云. 综放面矿山压力与瓦斯涌出监测研究 [J]. 矿山压力与顶板管理，2002 (1).

李树刚. 综放开采围岩活动影响下瓦斯运移规律及其控制 [J]. 岩石力学与工程学报，2000 (6).

李巍，黄世震，陈文哲. 甲烷气体传感元件的研究现状与发展趋势 [J]. 福建工程学院学报，2006 (1).

李晓豁，姜健. 基于产尘量最小的掘进机参数优化设计研究 [J]. 煤炭学报，2003 (4).

李续征. 华丰矿 1409 大倾角煤层采空区自然发火预测技术研究 [D]. 西安：西安科技大学，2006.

李云，黄志军. 煤矿井下粉尘浓度的测定与计算方法 [J]. 中华劳动卫生职业病杂志，2002 (1).

李增华，齐峰，杜长胜，等. 基于吸氧量的煤低温氧化动力学参数测定 [J]. 采矿与安全工程学报，2007 (2).

梁秀荣. 矿井安全监测系统使用中的问题及改进 [J]. 中国公共安全（市场版），2007 (9).

林海飞，李树刚，成连华. 矿山压力变化的采场瓦斯涌出特征及其管理 [J]. 西安科技学院学报，2004 (1).

刘过兵，李晋平，朱锴，等. 煤矿高标准瓦斯管理技术与实践研究 [J]. 华北科技学院学报，2006 (4).

刘继勇，张辛亥，徐精彩，等. 阳泉矿区胶体防灭火技术实践及发展 [J]. 矿业安全与环保，2004 (5).

刘景秀. 并列进风竖井风流异常基本规律研究 [J]. 非金属矿，2002 (2).

刘来军，冯振山. 极易燃厚煤层放顶煤火灾防治 [J]. 矿业安全与环保，2001 (S1).

刘思伟，李一男，王汝琳. 新型矿用红外瓦斯检测仪的研制 [J]. 河北理工大学学报（自然科学版），2007 (4).

刘小舟. 煤矿火灾预防与防治技术现状 [J]. 煤矿现代化，2005 (5).

刘新喜. 井下空气密度测定方法探讨 [J]. 煤矿安全，1992 (5).

刘正全，肖兴明，陈旭忠，等. 基于 AVR 单片机的瓦斯浓度检测仪的设计 [J]. 矿山机械，2007 (10).

龙传富，胡宗兴. 小宝鼎煤矿瓦斯综合治理 [J]. 矿业安全与环保，2005 (1).

鲁小川，金群. 现代煤矿重大事故预测、监控与防治新技术全书 [M]. 北京：当代中国音像出版社，2006.

陆永耕. 矿井风机风量参数实时动态监测系统 [J]. 煤矿自动化，2000 (2).
路顺，林健，陈江翠. 氧化锆氧传感器的研究进展 [J]. 仪表技术与传感器，2007 (3).
吕品. 煤炭自然发火指标气体的试验研究及其应用 [J]. 中国煤炭，2000 (4).
罗勇，毛晓波，黄俊杰. 红外检测瓦斯传感器的设计与实现 [J]. 仪表技术与传感器，2007 (8).
麻成. 浅析矿井内因火灾的形成和防治方法 [J]. 甘肃科技纵横，2003 (2).
马秉衡，符绍昌，李烈勋，等. GB 5748—85 中华人民共和国国家标准作业场所空气中粉尘测定方法 [J]. 安全、健康和环境，1999 (S3).
马汉鹏，陆伟，王宝德. 煤自燃过程指标气体产生规律的系统研究 [J]. 矿业安全与环保，2007 (6).
马砺. 超长综放面煤层自燃火灾防治技术研究 [D]. 西安：西安科技大学，2004.
马银戌，申张勇，严忠. 利用指标气体预测预报煤自燃火灾 [J]. 能源技术与管理，2007 (6).
毛好喜. 轴流风机内部通流流动的数值模拟 [J]. 煤矿机械，2007 (9).
宁延全. 瓦斯检查员 [M]. 北京：煤炭工业出版社，2003.
彭新荣，董德明. 矿井主要通风机性能测定技术分析 [J]. 机电产品开发与创新，2007 (4).
祁欣，张巍，徐振忠，等. 全固态 CO 气体传感器 [J]. 微纳电子技术，2007 (Z1).
卿恩东，卢溢洪，覃渝昌. 矿井通风安全设备器材装备水平初探 [J]. 矿业安全与环保，1994 (6).
曲方，刘克功，李迎业，等. 气压计基点法测定矿井通风阻力的误差分析及基点位置的选择 [J]. 煤矿安，2004 (6).
曲艺. 甲烷与一氧化碳浓度光学检测 [D]. 长春：吉林大学，2006.
孙庚志，华凯峰，吕翔宇，等. 低浓度电流型氧传感器的研究 [J]. 计测技术，2006 (S1).
孙芹. 第一届中国国际瓦斯治理及利用研讨会将在北京召开 [J]. 煤矿开采，2005 (3).
孙忠强，郭立稳. 我国煤矿火灾防治技术的研究现状 [J]. 河北理工学院学报，2007 (2).
唐敏然，何欣. β 射线吸收型粉尘浓度测定仪的校准方法与不确定度分析 [J]. 工业计量，2006 (S1).
唐敏然. 一种新型粉尘浓度测定仪的测量原理与校准方法 [J]. 广东科技，2004 (11).
王从陆，伍爱友，蔡康旭. 煤炭自燃过程中耗氧速率与温度耦合研究 [J]. 煤炭科学技术，2006 (4).
王福生，郭立稳，张嘉勇，等. 应用气体分析法预测预报煤自然发火 [J]. 矿业安全与环保，2007 (2).
王国臣. 矿井通风阻力测定及微机处理系统研究 [J]. 中国矿业，2007 (5).
王华. 巷道煤体自然发火预测方法的研究与应用 [D]. 西安：西安科技学院，2002.
王静. 浅析煤矿瓦斯综合治理的安全措施 [J]. 科技情报开发与经济，2003 (4).
王汝琳. 矿井瓦斯传感器的近代研究方法及方向 [J]. 煤矿自动化，1998 (4).
王省身. 矿井灾害防治理论与技术 [M]. 徐州：中国矿业大学出版社，1986.

王晓东，翟志红，陈昊旻. 矿井主要通风机性能的现场测试方法 [J]. 煤矿安全，2002 (2).
王雪峰. 煤氧化自燃过程的红外光谱研究 [D]. 阜新：辽宁工程技术大学，2007.
王艳菊. 基于光谱吸收的光纤式有害气体测量技术的研究 [D]. 秦皇岛：燕山大学，2006.
王永安. 地方煤矿怎样搞好矿井通风阻力测定 [J]. 山西煤炭管理干部学院学报，2003 (3).
王志玉. 三进两回偏 Y 型通风方式在寺河矿一次采全高工作面的实践 [J]. 华北科技学院学报，2005 (4).
魏丹，龙熙华，宇亚卫. 国外煤矿安全生产管理经验的启示 [J]. 科技情报开发与经济，2007 (23).
魏建平，樊小利，郭三明，等. 矿井通风安全实验装置监测监控系统的研制 [J]. 焦作工学院学报，2000，19 (2).
吴玉锋，田彦文，韩元山，等. 气体传感器研究进展和发展方向 [J]. 计算机测量与控制，2003 (10).
吴玉国，邬剑明，王俊峰. 煤层自燃指标气体的试验研究 [J]. 中国煤炭，2007 (4).
伍爱友，蔡康旭. 矿井内因火灾危险性的模糊评价 [J]. 煤炭科学技术，2004 (7).
鲜学福，王宏图，姜德义，等. 我国煤矿矿井防灭火技术研究综述 [J]. 中国工程科学，2001 (12).
肖旸，马砺，王振平，等. 煤自燃指标气体的吸附与浓缩规律 [J]. 煤炭学报，2007 (10).
谢芳，李长青，张建彬. 超声波旋涡式风速传感器的研究 [J]. 煤矿机械，2006 (5).
谢华东，孟警战. MCA 高分子促凝剂在煤矿凝胶防灭火技术中的应用 [J]. 山东煤炭科技，2006 (5).
谢贤平，赵梓成. 矿井通风系统的可靠性分析 [J]. 昆明理工大学学报 (理工版)，1992 (6).
徐精彩，张辛亥，邓军，等. FHJ16 型胶体防灭火材料的流动性实验研究 [J]. 西安科技大学学报，2003 (2).
徐忠亮，魏乐平. 矿井通风安全监控系统的监察 [J]. 煤矿安全，2004，35 (7).
许延辉，许满贵，徐精彩. 煤自燃火灾指标气体预测预报的几个关键问题探讨 [J]. 矿业安全与环保，2005 (1).
杨邦朝，段建华. 一氧化碳传感器的应用与进展 [J]. 传感器技术，2001 (12).
杨邦朝，段建华. 一氧化碳传感器的原理及其应用 [J]. 电子世界，2001 (11).
杨邦朝，简家文，段建华，等. 氧传感器的原理与进展 [J]. 传感器世界，2002 (1).
杨东岳. 煤炭自燃监测与评价方法研究 [D]. 青岛：山东科技大学，2003.
杨位亮. 祁南煤矿南大巷瓦斯灾害综合防治 [J]. 采矿技术，2005 (1).
杨希泰，于波. 煤炭开采过程中隐患因素分析和防灾系统探讨 [J]. 陕西煤炭，2002 (3).
杨小斌，杨戌，邓军. 双鸭山集贤煤矿煤样自燃性程序升温实验 [J]. 陕西煤炭，2005 (3).
叶钟元. 矿尘防治 [M]. 徐州：中国矿业大学出版社，1991.
易汉华. 盘江矿区煤层气钻孔抽放钻场布置及钻孔参数优选 [D]. 贵阳：贵州大

学，2006.

羿其德. 龙固煤矿煤炭低温氧化自燃指标气体试验研究 [J]. 能源技术与管理，2004 (6).

尹洪胜，邓威，华钢. 矿用瓦斯传感器新型测量方法研究 [J]. 煤炭工程，2006 (5).

游华聪. 煤矿通风技术与安全管理 [M]. 成都：西南交通大学出版社，2003.

于长林，何正勇. 大采高、高瓦斯综采面瓦斯综合治理技术 [J]. 安徽建筑工业学院学报 (自然科学版)，2007 (4).

于栋，张新民. 矿用主通风机风量测试方法的研究 [J]. 煤炭工程，2007 (5).

于延锌. 临时情况下检修氧传感器 [J]. 煤炭技术，2004 (5).

禹尧，李继水，褚士勤. 采煤机截齿与粉尘生成量及灭尘的关系 [J]. 煤矿机电，2005 (1).

袁世伦. 深井开采工作面通风与降温技术研究 [J]. 中国矿山工程，2007 (2).

张德增，郑江萍. 煤矿安全监测技术基础知识 [M]. 北京：煤炭工业出版社，1993.

张国枢，吴中立，邵辉，等. 煤炭自燃指标气体实验化选与应用 [J]. 安徽理工大学学报 (自然科学版)，1995 (1).

张国枢. 通风安全学 [M]. 徐州：中国矿业大学出版社，2000.

张惠忠. 矿用风机的使用现状和发展趋势 [J]. 矿业快报，2007 (9).

张景超. 光纤光学式甲烷气体传感器的设计与实验研究 [D]. 秦皇岛：燕山大学，2006.

张雷，尹王保，董磊，等. 新型多功能矿用危险气体传感器的研究 [J]. 光电子·激光，2007 (5).

张庆. 新型风量在线监测装置的研究与开发 [J]. 中国电力，2001 (9).

张瑞江. 井下通风机装置性能测定及分析 [J]. 水力采煤与管道运输，2004 (4).

张辛亥. 几种煤层火灾的胶体防灭火技术 [J]. 陕西煤炭，2004 (3).

张新民，于栋. 煤矿通风机性能测试技术的研究 [J]. 煤矿机械，2007 (6).

张永超. 通风机运行工况微机监测系统的研究 [D]. 济南：山东科技大学，2003.

张永平. 矿井深部开采问题探讨 [J]. 煤炭技术，2000 (3).

张玉贵，钱国胤，唐修义. 煤自然发火烯烃指标及其煤岩学因素分析 [J]. 焦作工学院学报，1995 (6).

章庆丰，贾宝山，葛少成. DF-3C 多路风速仪在主通风机性能测定中的应用 [J]. 矿业安全与环保，2003 (1)

赵青云，许英威. 高瓦斯工作面的瓦斯抽放技术 [J]. 矿业安全与环保，2000 (1).

赵以蕙. 矿井通风与空气调节 [M]. 徐州：中国矿业大学出版社，1990.

郑钢镖，康天合，柴肇云，等. 运用 Rosin-Rammler 分布函数研究煤尘粒径分布规律 [J]. 太原理工大学学报，2006 (3).

郑钢镖，康天合，尹志宏，等. 不同冲击形式下煤样产尘粒径分布规律研究 [J]. 采矿与安全工程学报，2007 (1).

周邦全. 煤矿安全监测监控系统的发展历程和趋势 [J]. 矿业安全与环保，2007 (S1).

周国栋. KTZJ-2 型矿井主通风机在线监测监控系统的设计应用 [J]. 中国科技信息，

2006 (18).

周兰姜，李正东，罗玉平．基于无线传感器网络的瓦斯浓度监测系统的硬件设计 [J]．传感技术学报，2007 (11).

周西华，单亚飞，王继仁．井巷围岩与风流的不稳定换热 [J]．辽宁工程技术大学学报（自然科学版），2002 (3).

周西华，王继仁，梁栋等．山东兖州东滩矿 3＃煤层自燃临界氧浓度指标研究 [J]．中国地质灾害与防治学报，2006 (4).

周玉甲．氧传感器及其应用 [J]．企业技术开发，2006 (12).

朱志敏，沈冰，谢晓东．四川省煤层气开发利用的必要性与可行性分析 [J]．资源开发与市场，2006 (3).

左斌祥，潘建明．皮托管平行测速法烟气监测方法的改进 [J]．中国环境监测，2005 (6).